사랑한다면
이렇게말하라

《孩子最愛聽的100句話》

作者: 錢詩金, 錢麗

text copyright ⓒ2008 by Qian Shijin and Qian Li

All rights reserved.

Korean Translation Copyrightⓒ 2013 by JPLUS

Korean edition is published by arrangement with China Children's
Press & Publication Group

through EntersKorea Co.,Ltd. Seoul.

사랑한다면
이렇게 말하라

내 아이를 변화시키는 최고의 한마디

첸스진(錢詩金) · 첸리(錢麗) 공저 | 김진아 옮김

제이
플러스

머리말

21세기를 인류의 과속 성장 시대라고 한다. 이런 시대에 국가와 민족과 가정이 가장 중요하게 여기는 것은 바로 다음 세대를 올바르게 양성해내는 일이다. 사람들은 다음 세대의 생존 능력과 삶의 질을 높이는 문제를 최우선 과제로 삼고, 날마다 자녀에게 큰 관심을 가지고 열심히 지도하고 있다.

갈수록 가정교육이 중요시되고 있는데 부모들은 늘 바쁘다. 이럴 때 반드시 해내야 할 과제는 바로 아이에게 '좋은 말'을 적절히 해 주는 일이다. 아이를 칭찬하고 격려하며 용기를 북돋워 주는 일은 생각보다 훨씬 큰 교육적 효과를 거둘 수 있다.

사실 우리 어른들은 생각만큼 아이 앞에서 말을 잘하지 못한다. 부모들은 항상 자기 입장에서 아이를 대하고, 아이가 올바른 행동을 했을 때는 그저 고개만 끄덕이거나 물질적인 보상을 해주는 데 급급하다. 그러다가 아이가 조그만 잘못이라도 저지르면 가차 없이 꾸짖고 한숨을 내쉬기도 한다. 이런 행동은 전통적인 관념을 잘못 이어받아 상하수직적인 관계로 아이를 대하고, 다정한 친구가 되어주지 못하는 태도를 여실히 보여준다.

이 책에 소개된 100가지 말은 이 시대를 살아가는 부모와 자녀 관계에 좋은 윤활유가 될 것이다. 이 말들을 아이한테 적절히 해준다면 아이한테 좋은 영향을 미치는 것은 물론 아이의 일생이 바뀔지도 모를 일이다. 긍정적인 평가와 칭찬과 격려를 많이 해주는 것은 아이에게 더 큰 희망을 심어주는 일이다. 그런 희망을 안은 아이는 기분 좋은 발걸음으로 한 걸음 더 앞으로 나아갈 것이다

차 례

001 네 생각을 말해 봐 … 11

002 네가 있어 기뻐 … 15

003 멋지다 … 18

004 오늘 진짜 잘했다 … 20

005 네가 선택하렴 … 23

006 꾸준히 발전하는구나 … 28

007 대단하구나 … 32

008 좋은 생각이야 … 35

009 잘했구나 … 37

010 기특하다 … 39

011 옳은 일이야 … 41

012 너는 유명해질 거야 … 43

013 정말 좋구나 … 46

014 용서할게 … 48

015 이대로의 네 모습이 좋아 … 51

016 네가 해낼 거라고 믿어 … 53

017 걸작이구나 … 56

018 기발하구나 … 58

019 많이 발전했네 … 60

020 할 수 있어 … 63

021 근사하다 … 65

022 재주가 좋구나 … 68

023 성공할 거야 … 70

024 넌 기적을 만들 거야 … 72

025 다 컸구나 … 75

026 타고난 재능이 있어 … 79

027 놀랍구나 … 83

028 총명한 아이야 … 86

029 사랑해 … 90

030 일단 한번 해 봐 … 94

031 훌륭하게 해냈구나 … 97

032 다시 한 번 해 보렴 … 100

033 넌 착한 아이야 … 102

034 빨리 배우는구나 … 104

035 좋은 행동이다 … 106

036 두려워하지 마 … 109

037 네가 하고 싶은 대로 하렴 … 111

038 최선을 다해라 … 113

039 남보다 모자라지 않아 … 115

040 너한테 맡길게 … 118

041 눈에 띄게 나아졌어 … 120

042 다른 사람을 따라하지 않아도 돼 … 123

043 더 빨리 해낼 수 있어 … 125

044 이길 수 있어 … 128

045 리더십이 있구나 … 131

046 최고야 … 133

047 제대로 해냈구나 … 136

048 결과가 중요한 건 아니야 … 139

049 넌 신동이야 … 142

050 조금만 더 힘을 내 … 145

051 좋았어! ⋯ 148

052 좋은 생각이 떠오를 거야 ⋯ 151

053 훌륭한 조수구나 ⋯ 154

054 맞았어 ⋯ 157

055 자신 있었구나 ⋯ 160

056 예쁘게 만들었네 ⋯ 162

057 너 때문에 즐거워 ⋯ 165

058 장래성이 있구나 ⋯ 167

059 네 생각에도 일리가 있구나 ⋯ 171

060 철들었구나 ⋯ 174

061 친구가 생겼다니 기쁘구나 ⋯ 179

062 잘해 낼 거라 믿어 ⋯ 182

063 책을 잘 읽는구나 ⋯ 186

064 날마다 좋아지고 있어 ⋯ 190

065 좋은 일을 하려고 했구나 ⋯ 193

066 너한테 배워야겠다 ⋯ 195

067 다음에는 더 잘할 거야 ⋯ 198

068 사랑스럽구나 ⋯ 200

069 똑바로 잘했다 ⋯ 202

070 열심히 했다면 그걸로 됐어 ⋯ 205

071 바로 그렇게 하는 거야 ⋯ 208

072 이렇게 빨리 생각해 내다니 대단해 ⋯ 211

073 네 마음을 알아 ⋯ 215

074 완벽한 사람은 없어 ⋯ 219

075 자기 자신을 이겨라 ⋯ 225

076 지난번보다 잘했다 … 228

077 의지가 강하구나 … 230

078 오늘 많은 일을 해냈구나 … 233

079 너는 달인 같아 … 236

080 많이 배웠겠구나 … 239

081 미래가 밝을 거야 … 242

082 노력했다는 걸 알아 … 244

083 너 때문에 행복해 … 247

084 나도 잘못이 있구나 … 250

085 이번에 제일 잘했다 … 253

086 이미 해낸 거나 다름없어 … 256

087 언제까지나 널 지지할 거야 … 259

088 넌 꼭 해낼 거야 … 264

089 겁내지 않아도 돼 … 267

090 모험심도 필요해 … 272

091 계속 노력하렴 … 276

092 축하해 … 282

093 이미 훌륭하게 해내고 있어 … 285

094 네가 꿈꾸는 사람이 될 거야 … 289

095 언제나 너를 믿어 … 294

096 기분 좋은 일이구나 … 296

097 넌 용감한 아이야 … 299

098 지금 바로 내일을 위해 준비하자 … 302

099 조급해하지 마 … 304

100 감동받았어 … 306

너무나 쉽고 간단한 말

아이가 이렇게 좋아하는데
왜 그동안 해주지 못했나...

"네 생각을 말해 봐"

고민을 스스로 해결하게 하는 말

어떤 소녀가 나이 지긋한 심리학자에게 당돌하게 자기 고민을 고백했다.

"할아버지, 사는 게 피곤하고 힘들어요. 이렇게 사는 건 싫은데 어떻게 하면 좋을까요?"

심리학자가 이유를 묻자 소녀는 아침부터 밤까지 엄마가 시키는 대로만 해야 한다고 대답했다.

"엄마는 아침에 저를 데려다줄 때 제가 교문 안에 들어갈 때까지 지켜보세요. 방과 후에는 저를 데리러 오시고요. 제가 조금만 늦어도 화를 내고, 길에서 노는 일 같은 건 허락하지 않아요. 숙제를 한 뒤에도 마음대로 나가 놀 수가 없어요. 저한테는 자유가 없어요. 정말 짜증 나요."

"그럼 어떻게 하면 좋을까?"

심리학자가 묻자 소녀가 대답했다.

"다른 친구들처럼 혼자 등교하고 싶어요. 엄마가 계속 데려다주면 친구들이 나를 바보로 여길 거예요. 그리고 할 일을 한 다음에는 자유롭게 놀고 싶어요."

소녀의 말을 듣고 심리학자가 말했다.

"네 생각을 엄마한테 말해본 적이 있니? 엄마는 네가 그런 생각을 하는지 모르시는 것 같구나."

그제야 소녀는 한 번도 엄마한테 그런 얘기를 한 적이 없다는 것을 깨닫고 미소를 지으며 상담실을 나섰다.

덴마크의 가난한 구두 수선공 집에서 태어난 아이가 있었다. 아이의 아빠가 일찍 세상을 떠나자 가족은 아이의 앞날이 걱정되기만 했다. 할머니는 아이가 커서 사무직 일을 하길 바랐고, 엄마는 재봉사나 목수 같은 기술자가 되기를 원했다. 아이를 아끼고 사랑했던 두 사람은 고민 끝에 아이의 생각을 물어보기로 했다. "너는 이다음에 어떤 일을 하고 싶니? 네 생각을 듣고 싶구나." 아이는 뜻밖에도 멋진 연기를 하는 배우가 되고 싶다고 했다.

이 아이는 예술에 대한 깊은 애정을 가지고 있었다. 아이는 열네 살이 되던 해에 가족의 지지를 받으며 코펜하겐으로 갔다. 처음에 소년은 유명한 무용가를 찾아가 춤을 배우고 싶다고 했다가 거절당했다. 다음에는 극단 사장을 찾아가 배우가 되게 해 달라고 했지만 이번에도 거절당했다. 하는 수 없이 생계를 위해 목수가 되려고 했지만, 너무 왜소해서 힘든 일을 할 수 없을 거라는 말만 들었다. 소년은 마지막으로 음대 교수를 찾아가 여러 번 부탁한 끝에 겨우 성악을 배우게 되었다. 그러나 대입 시험을 앞두고 목감기에 걸려 낙방하고 말았다.

이후 황실 오페라 극장에서 소년의 탁월한 재주를 알아보고 중학교에 보내주었다. 하지만 가난한 형편에 대한 비난과 조롱이 심해 무사히 학업을 마칠 수 없었다. 소년은 좌절하지 않고 낡은 다락방에 세 들어 살면서 배운 것을 열심히 익혀 마침내 코펜하겐 대학에 입학했다.

이 소년이 바로 세계적인 동화작가 안데르센이다. 안데르센은 인종과 국경을 초월해 전 세계 사람들에게 선과 악, 아름다움과 추악함을 보여주는 이야기들을 남겼다. 안데르센의 성공은 천부적인 재능과 끊임없는 노력으로 이루어진 것이다. 이러한 노력의 밑바탕에는 가족의 전폭적인 지지와 믿음이 있었다. 안데르센이 자신의 길을 직접 선택하지 않고 가족의 권유대로 사무원이나 기술자가 되었다면 우리는 '미운 오리 새끼'나 '인어공주' 같은 불후의 명작을 만나지 못했을 것이다.

아이를 사랑한다면 아이의 생각을 들어줄 수 있어야 한다. 선택의 기로에 설 때마다, 혹은 중요한 문제에 부딪힐 때마다 부모가 결정하기보다는 아이의 생각을 물어보는 것이 중요하다. "먼저 네 생각을 말해 보렴." 아이는 자신의 생각을 들어주는 것만으로도 큰 힘을 얻고 꿈을 이루기 위해 노력할 것이다. 아이의 인생은 결국 아이 스스로 살아나가야 하는 것이다.

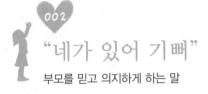

002
"네가 있어 기뻐"
부모를 믿고 의지하게 하는 말

초등학교에 다니는 순즈펑은 수업 시간에 말썽을 피울 때
가 많았다. 선생님은 아이의 엄마에게 이 문제에 관해 이야
기했다. 순즈펑의 엄마는 재치 있게 선생님의 말을 바꿔서
아이를 타일렀다.

"오늘 선생님이 너를 칭찬하셨어. 네가 수업 시간에 소란
을 피우지 않고 열심히 공부한다더구나. 엄마는 네가 있어
서 정말 기쁘다!"

순즈펑은 이 말을 들은 뒤 정말로 수업 시간에 장난을 치
지 않고, 다른 친구들의 공부를 방해하지 않게 되었다.

아이의 성장 과정은 순풍에 돛을 단 듯 순탄하지만은 않
다. 아이가 큰 파도 앞에서 쓰러졌을 때는 부모의 따뜻한

지지가 필요하다. 딩쥔은 베이징에서 열리는 '중국 청소년 피아노 대회' 본선에 나가게 되었다. 대회를 앞두고 딩쥔은 물론이고 가족 모두가 기대에 부풀었다. 하지만 딩쥔은 너무 긴장한 나머지 대회에서 좋은 성적을 거두지 못했다. 딩쥔은 무거운 발걸음으로 집으로 향하는 비행기에 탔다. 집으로 가는 길이 더 멀게 느껴지기만 했다. 그런데 비행기에서 내리자마자 자신을 부르는 소리가 들렸다. 고개를 들어 보니 엄마가 마중을 나와 있었다. 집에서 공항까지는 10시간이 넘게 걸리는 거리였다. 딩쥔의 엄마는 미리 소식을 듣고 딸을 위로하기 위해 그곳까지 나와 있었던 것이다.

"엄마, 여기까지 저를 마중 나온 거예요? 그런데 어떻게 하죠? 저 대회에서 상을 받지 못했어요." 아이의 말을 듣고 엄마는 다정하게 웃으며 말했다. "엄마가 이제까지 어떤 일의 결과를 두고 뭐라고 한 적 있었니? 이번 대회를 통해서 좋은 경험을 했으면 됐다. 엄마는 네가 있는 것만으로도 기쁘단다!" 아이는 엄마의 말에 깊은 감동을 받았다. 이후 딩쥔은 더욱 노력해서 명문 음악대학에 당당히 입학했다.

때때로 다른 사람 앞에서 아이의 결점을 화젯거리로 삼는 부모들이 있다. 속으로는 자기 자식이 제일 낫다고 생각하면서도 다른 집 아이를 추켜세우는 것이 예의라고 생각하는 것이다. 그래서 "우리 아이보다 너희 집 아이가 더 똑똑한 것 같아."라든지 "우리 아이는 뚱보야." 이런 말을 하는 것이다. 스치는 말로나마 이런 얘기를 듣게 된 아이는 마음에 상처를 입게 된다. 부모는 다른 사람 앞에서 절대로 아이를 깎아내리는 말을 해서는 안 된다.

다섯 살 난 귀린은 수영 강습을 받게 됐다. 다른 친구들은 모두 물에 들어가 물장구를 쳤지만 귀린은 물이 무서워 물 밖에 서 있기만 했다. 귀린의 엄마는 선생님으로부터 이 이야기를 듣고 아이한테 이렇게 말했다.

"괜찮아, 엄마는 그런 네가 있어서 기쁘단다. 너는 엄마를 꼭 닮았거든. 엄마도 어렸을 때 물을 무서워했단다. 하지만 지금은 다른 사람들처럼 수영을 잘하게 됐지. 너도 조금 있으면 수영을 잘하게 될 거야."

얼마 뒤 귀린은 엄마의 말대로 수영을 잘하게 되었다. 현명한 부모는 아이가 잠시 뒤처진다고 해서 그런 상황을 심각하게 받아들이지 않는다. 부모가 아이를 적절히 격려하는 방법을 알고 있다면 아이는 어떤 어려움도 헤쳐나갈 수 있다.

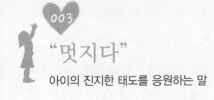

"멋지다"

아이의 진지한 태도를 응원하는 말

칭찬은 어떤 것이 올바른 행동인지 알려주고, 그런 행동을 계속하도록 이끈다. 따라서 칭찬을 할 때는 구체적으로 아이가 한 행동에 대해 말하는 것이 좋다.

아이가 장난감을 스스로 정리했을 때 "착하구나." 하고 칭찬하는 것보다는 "장난감을 다 치웠구나. 멋지다!" 하고 말하는 것이 좋다. 그냥 착하다고 했을 때는 장난감을 정리해서 칭찬을 받은 것인지 장난감을 가지고 놀지 않아서 칭찬을 받은 것인지 알 수가 없다. 정확한 행동에 대해 칭찬을 하면 다음에도 그렇게 하기 위해 노력하게 되고, 결국 좋은 생활 습관을 가질 수 있다.

아이가 옷을 아무 데나 벗어 둔다고 불평하는 부모들이

많다. 아이에게 설명하고 야단을 쳐도 아무 소용이 없다. 이런 문제를 해결하기 위해서는 전략이 필요하다. 마트에 가서 예쁜 바구니를 사서 그 속에 더러워진 옷을 담자고 해보자. 아이가 바구니에 옷을 담을 때마다 "멋지구나! 좋은 습관이네!" 하고 칭찬한다면 아이는 계속 그렇게 행동할 것이다. 덜렁대는 아이일수록 "멋지다"라는 칭찬을 자주 해서 좋은 습관을 갖도록 이끄는 것이 좋다.

샤오웨이의 서랍은 뒤죽박죽이고, 곧잘 "엄마, 연필이 없어요." "지우개가 안 보여요" 하고 말했다.

어느 날 밤에는 장난감을 찾기 위해 온 집안을 헤매 다녔다. 보다 못해 엄마가 침대 머리맡에 장난감이 있다고 알려주었다. 샤오웨이는 "엄마는 그걸 어떻게 알았어요?" 하고 물었다. 샤오웨이의 엄마는 물건을 항상 제자리에 놓아두면 어디 있는지 금방 알 수 있다고 일러주었다. 그 말을 들은 뒤 샤오웨이는 물건을 제자리에 놓기 위해 노력하기 시작했다. 그때마다 엄마는 "멋지다! 엄마보다 더 정리를 잘했네!" 하고 칭찬해주었다. 얼마 뒤 샤오웨이의 서랍을 열어보자 물건이 가지런히 정리되어 있었다.

"오늘 진짜 잘했다"

평소보다 잘한 아이를 칭찬하는 말

미국 어느 마을에 열세 살 때부터 부모님이 운영하는 주유소에서 일손을 거든 소년이 있었다. 이 주유소는 세차나 정비일도 함께 하고 있었다.

호기심 많고 놀기 좋아할 나이였던 소년은 자동차를 해체하는 일이 무엇보다 재미있어 보였다. 하지만 아버지는 자동차 정비에는 손도 대지 못하게 하고 손님을 상대하는 일만 시켰다.

"자동차 모양은 수시로 변하지만, 사람은 쉽게 바뀌지 않는단다. 차를 다루고 싶다면 먼저 사람을 상대하는 법을 배워라."

소년은 아버지 말대로 휴일마다 주유소에 나와 손님들을 상대했다. 일단 차가 주유기 앞에 멈춰 서면 누가 시키지 않았는데도 자동차의 유리, 헤드라이트에 묻은 얼룩을 깨끗이 닦아냈다. 그러면서 오일탱크나 가속장치에 이상이 없는지 살펴보고, 축전지, 전동벨트, 고무관 등을 간단히 점검했다. 이런 기분 좋은 서비스를 받기 위해 주유소를 찾는 사람들이 많아졌다. 하루 일이 끝나면 아버지는 "오늘 진짜 잘했다." 하고 아들을 칭찬해주었다.

그런데 주유소를 찾는 손님 중에는 응대하기가 어려운 할머니 한 분이 있었다. 할머니의 차는 바닥이 움푹 꺼질 만큼 낡아서 청소하기가 힘들었다. 그런데도 이 할머니는 작은 티끌 하나도 그냥 지나치지 않고 세차가 잘 되었는지 꼼꼼히 체크했다. 소년은 이 할머니의 시중을 들고 싶지 않은 마음뿐이었다.

이런 마음을 눈치챈 아버지는 "손님이 뭐라고 하든 항상 '알겠습니다' 하고 예의 바르게 대해야 한다. 귀찮아하거나 눈살을 찌푸려서는 안 돼." 하고 말했다. 소년이 이 할머니의 차를 세차한 뒤 기진맥진하자 아버지는 만족스러운 표정으로 "오늘 진짜 잘했다." 하고 칭찬했다.

아버지의 칭찬 속에서 소년은 날마다 더욱 열심히 일했다. 이 아이는 어린 시절부터 부모님 밑에서 엄격하게 직업

훈련을 받은 셈이다. 사람들을 어떻게 대해야 하는지를 익히고, 시장경제 속에서 주유소라는 가정 기업이 어떤 역할을 하고, 어떤 어려움을 겪는지 직접 보고 배웠다.

부모는 평생 아이의 '자의식'을 중요하게 생각해야 한다. 자의식은 아이가 어떤 사람이 될지를 결정한다. 최선의 가정교육을 위해서는 부모가 먼저 모범을 보이며 아이를 격려해야 한다. 만약 아이가 부모와 말도 하지 않으려고 한다면 부모가 아이의 자의식을 존중해주지 않았기 때문이다.

인생의 목표는 좋은 학교에 들어가는 것이 아니라 자신에게 맞는 직업을 가지고 행복하게 살아가는 것이다.

"네가 선택하렴"

아이가 스스로 결정을 내리게 하는 말

꼭두새벽부터 동동의 가족은 여행 가방을 싸느라 분주했다. 엄마는 동동한테 이렇게 물었다.

"강아지 인형 가져갈 거니? 테디 베어 가져갈 거니? 네가 선택하렴."

동동은 세 살이었지만 '선택'이라는 말에 익숙했다. 장난감을 고르는 일은 비교적 쉬운 일이다. 여름휴가를 보낼 곳도 동동이 직접 정했다. 바닷가와 외가 중에서 외가를 선택한 것이다.

아직 말을 배우지 못한 아이도 자신이 원하는 것을 선택할 수 있다. 여러 사람이 동시에 팔을 내밀 때 엄마한테 달려간다든지 눈앞에 장난감이 쌓여 있어도 현관으로 기어가 밖에 나가 놀고 싶다는 뜻을 전할 수 있다. 말을 하기 시작하면 수시로 "싫어"라고 하면서 자신의 의사를 표현한다.

아이의 생각을 무시하거나 의사 결정에 지나치게 간섭하면 아이 스스로 결정하는 능력이 자랄 수 없다. 혼자 결정을 많이 해 본 아이일수록 판단력과 결단성이 뛰어나다. 이런 능력은 아이의 삶에 평생 영향을 미친다.

아이가 선택한 것과 부모가 원하는 것이 다를 경우에는 어떻게 하는 것이 좋을까? 과학자들은 두세 살 아이들을 대상으로 흥미로운 실험을 했다. 아이에게 "이야기 들려줄까? 목욕할까?" 하고 물으면 대부분 목욕을 하겠다고 대답한다. 사람들은 여러 가지 선택 사항 중에서 맨 마지막 것을 고르는 경향이 있다는 것이다. 다만 이것은 두세 살 아이들에게 통하는 방법이고, 좀 더 큰 아이라면 선택의 결과에 대해 논리적으로 설명해 주는 것이 좋다.

안전한 범위 내에서라면 아이가 스스로 선택하고 결정하도록 도와주는 것이 좋다. 아이가 자신이 내린 결정 때문에 고생하게 되더라도 그냥 지켜보는 것이 좋다. 그럴 때 "거봐라. 내가 뭐라고 했니? 내 말을 안 듣더니 이렇게 됐구나." 같은 말은 아무런 도움이 되지 않는다. 아이도 어른과 마찬가지로 여러 가지 시행착오를 겪으면서 그 속에서 교훈을 얻게 된다.

아이는 세 살 정도에 벌써 자의식이 생기고, 개성을 드러내면서 자신과 엄마가 다른 개체라는 것을 알게 된다. 이때부터 부모는 의식적으로 아이의 독립심을 키워주고 자주권을 인정해 주어야 한다. 아이의 권리를 존중할수록 아이의 자존감과 책임감은 커진다.

아이의 물건은 부모가 사주는 것이지만 분명 아이의 것이다. 자기 물건이라면 마음대로 쓸 수 있어야 한다. 예를 들어 무슨 옷을 입을지 결정하는 것은 아이의 몫이다. 부모는 날씨에 맞게 옷을 고르는 법과 어떻게 색을 맞추는 게 어울리는지 간단히 설명해주면 된다.

종종 이 문제는 난처한 상황을 불러오기도 한다. 아이가 계절이나 날씨에 맞지 않는 옷을 입겠다고 떼를 쓸 수도 있다. 이럴 때는 인내심을 가지고 다른 옷을 고르도록 이유를 설명하는 게 좋다. 화를 내거나 억지로 다른 옷을 입히는 것은 반발심과 고집을 키울 뿐이다. 아이가 끝까지 자신의 선택을 고집한다면 그 이유를 들어보는 것도 좋다. 아이의 입장에서 타당한 이유가 있다면 한 걸음 양보해도 된다. 아이도 다른 사람의 평가를 중요하게 생각하기 때문에 선생

님이나 친구에게 지적을 받게 되면 다음에는 다른 선택을
하게 된다.

  치앙치앙은 숙제를 한 뒤 밖에 나가 놀아도 좋다는 허락
을 받았다. 뭘 하고 놀지는 직접 선택하기로 했다. 그런
데 치앙치앙이 숙제를 끝낸 뒤 인라인스케이트를 집어 들
자 엄마가 "하필이면 인라인스케이트니? 비가 그친 지 얼
마 안 돼서 바닥이 미끄럽단다. 농구를 하렴!" 하고 말했다.
치앙치앙은 "안 넘어져요, 다른 친구들도 타는걸요. 오늘은
진짜 인라인스케이트를 타고 싶어요." 하고 말했다. 하지만
엄마는 화를 내며 말했다. "안 돼! 엄마 말대로 농구나 하라
니까! 엄마 말 들어야지!" 결국 치앙치앙은 엄마 말을 따라
야 했다.

  치앙치앙의 엄마는 아이가 다칠지 모른다는 생각에 아이
의 선택을 가로막았다. 또한 무엇을 하고 놀지 직접 결정하
라고 해 놓고서는 허락하지 않았다. 이런 태도는 아이의 주
인 노릇을 하는 것과 마찬가지다. 그러나 아이에게 필요한
것은 주인이 아니라 좋은 보조자이다.

  올바른 판단력을 키워주고 싶다면 스스로 선택할 기회와

함께 실수할 기회도 주어야 한다. 그러한 기회를 통해 얻게 된 교훈은 부모의 설교나 잔소리로 가르칠 수 있는 게 아니다. 아이와 의견이 다르다면 선택의 결과가 어떨지 함께 이야기를 나누는 게 좋다. 의견을 나눈 뒤에도 아이의 생각이 확고하다면 그 선택을 존중해주어야 한다.

006

"꾸준히 발전하는구나"

말썽꾸러기를 다독이는 말

찰스 다윈은 영국의 지식인 가정에서 태어났다. 할아버지는 유명한 박물학자이자 의사였고, 아버지는 에든버러대학 출신의 명망 높은 의학박사였다. 다윈의 아버지는 아들이 가풍을 이어받아 유명 의사가 되길 바랐다. 그러나 다윈은 귀여움을 받는 아이가 아니라 장난이 심해서 사람들의 골치를 아프게 하는 편에 속했다. 다윈은 하루 종일 바깥을 쏘다니며 연못에서 올챙이를 잡거나 강가에서 낚시하는 사람들을 멍하니 쳐다보곤 했다.

다윈은 비둘기를 키우는 데 취미가 있어서 집안에 말썽을 일으키기도 했다. 이 때문에 정원에는 항상 비둘기 똥이 가득했고, 아버지 머리 위에 직접 비둘기 똥이 떨어지는 일까지 벌어졌다. 다윈의 아버지는 잔뜩 화가 나서 아들을 꾸짖었다. "대체 너는 뭘 하고 다니는 거냐? 땅굴을 파거나 새나 쥐를 잡는 거 말고는 아무것도 할 줄 아는 게 없구나. 나중에 뭐가 되려고 그러는 거냐?"

시간이 지날수록 아버지와 아들의 갈등은 심해졌다. 두 사람은 얼굴만 맞대면 말다툼을 벌였다. 다윈의 아버지는 고민 끝에 오랜 친구를 찾아가 조언을 구하기로 하고, 방직산업으로 부를 축적한 하트 씨를 만났다. 하트 씨는 완강한 친구의 성격을 알고 있었기에 말로 설득하기 전에 책을 한 권 권했다. 다윈의 아버지는 그 책을 받자마자 기분이 언짢았다. 첫 장의 제목이 '자기 마음대로, 자기 뜻대로 하다'였기 때문이었다. 하트 씨는 친구의 표정을 살피며 조심스럽게 말했다.

"내 오랜 친구야, 자네는 손과 입으로 아이를 가르치려고 하네. 하지만 가장 중요한 것은 마음으로 아이에게 다가가는 것이라네. 아이 영혼 깊은 곳의 목소리에 귀를 기울이게. 나이 따위는 잊고 아이와 친구가 되게나."

아들의 교육 문제로 심신이 지쳐 있던 다윈의 아버지는 친구의 충고를 받아들이기로 했다.

그러나 모든 일이 생각처럼 쉽지는 않았다. 하루는 〈그림

동화〉를 읽어주기로 마음먹었는데 다윈이 종적도 없이 도
망을 가버렸다. 겨우 아들을 찾아내고 보니 처마 밑에 숨어
서 참새알을 가지고 놀고 있었다. 그 모습을 보자 너무 화
가 나서 책을 창밖으로 던져버렸다.

다윈의 아버지는 마음을 가라앉히기 위해 다시 하트 씨를
찾아갔다.

"우리는 장사꾼이야. 장사꾼의 기준에서 볼 때 형편없는
물건은 없다네. 무슨 물건이든 좋은 값을 매겨서 팔 수 있
지. 아이를 키우는 것도 마찬가지야. 강아지나 새끼 고양이
를 키우는 데도 오랜 시간이 걸리지 않나? 하물며 잠시도
가만있지 못하는 장난꾸러기를 키우는 일이 쉬운 일이겠
나? 부모라면 적어도 인내심을 가져야 하네. 그다음에 방
법을 찾아야지. 아이를 사랑하는 마음으로 아이가 좋아할
만한 일을 찾아보란 말이야."

다윈의 아버지는 학교 이사직을 비롯해 겸직하고 있던 많
은 일을 그만두고, 다윈과 함께 많은 시간을 보내기 위해
노력했다. 숲과 동물을 좋아하는 아들을 위해서 동물원에
도 다니고, 야영을 하기도 했다. 작은 동물을 함께 키우기
도 했다. 아버지의 이런 노력 끝에 다윈은 반항심을 누그러

뜨리고 마음의 문을 열었다. 자신을 바라보는 부모의 시선이 바뀌자 학업에도 흥미를 붙이기 시작했다. 다윈의 아버지는 아들의 나아진 모습을 볼 때마다 "꾸준히 발전하는구나." 하며 격려했다.

다윈은 1859년 생물의 진화론을 주장한 〈종의 기원〉을 발표해 세상을 깜짝 놀라게 했다. 그의 연구는 과학을 비롯해 인류의 모든 학문에 영향을 주었다. 다윈은 영국왕립협회로부터 코플리 메달을 받았을 때 아버지의 무덤으로 달려가 큰 소리로 울었다. 아버지는 그에게 가장 고맙고 가장 그리운 인생의 스승이었다.

문제아로 불린 아이들은 자아상에 큰 상처를 입고 있다. 이런 아이들에게는 부모의 따뜻한 배려를 통해 자아상을 리모델링하는 과정이 필요하다. 사실 문제아는 문제 부모가 만드는 것이다. 부모 자신의 잘못된 점을 고치지 못하고 아이의 변화만 요구하는 것은 아이의 마음에 상처만 줄 뿐이다. 부모의 가치관이 올바르다면 아이는 저절로 올바르게 성장한다.

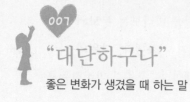

007

"대단하구나"

좋은 변화가 생겼을 때 하는 말

팡팡은 잠자리에 들기 전까지 숙제를 끝내지 못할 때가 많았다. 엄마가 종이와 연필을 챙겨주고, 옆에서 지켜보아도 숙제를 열심히 하지 않고 꾸물거리기만 했다. 팡팡의 엄마는 야단을 치기도 하고 아이의 머리를 쥐어박기도 했다. 매일 그렇게 억지로 숙제를 하다 보니 공부에 흥미를 가지거나 성적이 좋아질 리 없었다. 그래도 팡팡의 엄마는 실망하지 않고, 아이가 더 잘할 수 있을 거라고 믿었다.

이럴 때는 무조건 숙제를 하라고 강요하기보다는 숙제에 흥미를 느낄 수 있게 유도해야 한다. 숙제를 안 했다고 혼을 내는 것보다는 잘했을 때 칭찬을 하는 것이 효과적이다. 숙제가 너무 많다면 몇 부분으로 나눠서 일부를 해낼 때마다 상을 준다. 예를 들어 숙제를 3분의 1가량 해내면 자유 시간을 주고, 반 이상 해내면 선물을 주는 것이다. 보상의 종류는 아이 스스로 정해도 좋다. 물질적인 것보다 부모님이 함께 놀아주는 일 같은 것이라면 더욱더 좋을 것이다. 이런 상을 줄 때는 "대단하구나!" 하고 말해주는 것이 좋다. 이런 칭찬은 아이가 스스로 해낸 일에 대한 보상으로 상을 받게 되었다는 것을 분명히 느끼게 해준다.

상을 주는 것과 마찬가지로 할 일을 하지 않았을 때 벌을 주는 일도 필요하다. 벌은 교훈을 주기 위한 것이지 아이의 마음에 상처를 입히기 위한 것은 아니다. 이제 인생을 시작하는 아이에게 실패라는 말은 어울리지 않는다. 처음 걸음마를 배울 때 몇 번 넘어졌다고 해서 아이의 인생이 실패했다고 생각하지는 않는다. 이와 마찬가지로 성적이 나쁘다고 해서 아이의 인생이 실패한 것은 아니다. 아이의 앞날에는 많은 가능성이 열려 있다. 부모가 아이를 긍정적인 시선으로 대하면 정서적인 친밀감을 유지할 수 있지만, 숙제를 하지 않았다거나 성적이 나쁘다고 꾸짖기만 한다면 아이와 멀어질 수밖에 없다.

항상 엄마가 지켜보는 가운데 숙제를 하는 아이가 있었

다. 엄마는 아이가 조금이라도 틀리면 즉시 "아니잖아!" 하고 고함을 쳤다. 아이는 긴장한 나머지 잘 아는 문제도 틀릴 수밖에 없었다. 집중해서 공부해야 할 시간을 엄마의 꾸지람으로 가득 채운 꼴이다.

아이는 어른보다 쉽게 상처받기 때문에 무턱대고 아이의 기를 꺾어서는 안 된다. 잘못할 때마다 크게 꾸지람을 듣는 아이의 앞날에는 실패만 기다리고 있다. '실패'라는 말은 아예 아이 앞에서 꺼내지도 않는 것이 좋다. 어려운 일에 도전하는 것은 어떤 경우든지 그 자체만으로도 가치 있는 일이다. 숙제가 어려운 아이에게 "이런 것도 못 하니!"라고 한다면 아이는 공부에 대한 흥미를 완전히 잃어버릴 것이다. 반대로 숙제를 혼자 해내거나 성적이 조금이라도 올랐을 때 "대단하구나!"라고 한다면 아이의 눈은 반짝반짝 빛날 것이다.

때로는 아이의 잘못으로 가족이 손해를 볼 수도 있다. 그런 경우라도 지나치게 야단치거나 벌을 주어서는 곤란하다. 그런 실수는 아이가 성장해나가는 밑거름이 될 수 있다. 아이는 자신의 실수를 가족들이 어떻게 감싸 주었는지 기억하고, 실패를 두려워하지 않는 법을 배우게 될 것이다.

"좋은 생각이야"

멋진 아이디어를 생각해냈을 때 하는 말

샤오화와 지아지아는 이웃집에 사는 같은 반 친구이다. 지아지아는 성적표를 받으면 혼이 날까 봐 부모님께 잘 보여주지 못했다. 샤오화는 안타까운 마음이 들어서 지아지아와 놀 때마다 그날 배운 내용을 복습하도록 도와주었다. 덕분에 지아지아의 성적은 껑충 뛰어올랐다. 지아지아의 아버지는 샤오화의 부모를 찾아가 이렇게 말했다.

"샤오화가 지아지아의 공부를 도와주었어요. 참으로 기특한 아이입니다. 앞으로 날마다 우리 아이와 놀아주면 좋겠네요." 샤오화의 부모는 아이를 불러 칭찬해주었다.

"친구의 공부를 도와주다니 정말 좋은 생각이구나. 엄마 아빠도 생각하지 못한 일이야!"

샤오화는 칭찬을 들은 뒤 더욱 열심히 친구를 도왔다.

아이의 좋은 생각을 알았다면 박수를 치고 칭찬해주어야 한다. "참 좋은 생각이야!"라는 말 한마디가 아이의 행동을 더욱 꽃피게 할 수 있다. 때로는 어른이 보기에 사소한 일이라도 그런 생각을 해낸 아이의 마음은 충분히 칭찬받아 마땅하다.

샤오위는 아파트 1층에 살고 있었다. 이 아이는 매일 아침 등교할 때마다 5층에 사는 할아버지가 힘겹게 층계를 내려와 쓰레기를 버리는 것을 보았다. 샤오위는 아빠한테 이렇게 말했다.

"아빠, 내일 아침부터는 5분 일찍 학교로 출발할게요. 5층 할아버지의 쓰레기를 대신 버려 드리려고요. 그럼 할아버지가 힘들게 계단을 내려오실 필요가 없잖아요."

샤오위의 아빠는 그 순간 아이에게 가장 적절한 말을 해주었다.

"정말 좋은 생각이야!"

009
"잘했구나"
아이를 인정하는 말

앤 설리번은 시각과 청각 장애를 가진 헬렌 켈러에게 희망의 빛을 심어주었다. 앤 설리번이 헬렌 켈러를 훌륭하게 키워낼 수 있었던 것은 끊임없는 칭찬 덕분이었다. 그녀는 항상 헬렌 켈러에게 '너는 뛰어난 아이'라고 말했고, 열심히 배우고자 하는 마음과 노력하는 모습을 칭찬했다. 주위 사람에게도 헬렌 켈러가 어떤 일을 하는지 설명하고 칭찬해주기를 부탁했다. 설리번은 "칭찬은 아이가 인정받는다고 느끼게 해주고, 배움에 대한 욕구를 키워주며, 주위 사람과 사물에 마음을 열게 한다."고 했다.

아이는 언제나 주위 사람에게 인정받길 바란다. 아이가 공부나 일상생활에서 나아진 모습을 보일 때는 반드시 칭찬해주어야 한다. 칭찬은 아이에게 어떤 방향으로 노력해

나가야 할지 알려준다. 칭찬을 받은 아이는 자신이 어떤 일을 해냈다는 만족감과 주위 사람에게 인정을 받았다는 기쁨을 느끼게 된다.

적절한 순간에 칭찬을 듣지 못한 아이는 만족감과 기쁨을 느끼지 못하고, 결국 자기 발전에 아무런 노력을 기울이지 않게 된다. 어떤 부모나 선생님은 아이의 발전에 아무런 관심이 없을 뿐만 아니라 "멍청이"라든지 "구제불능이야" 같은 말로 아이의 마음을 짓밟는다. 이런 말은 아이에게 실제로 그런 사람이 되라고 주문을 거는 것과 같다.

어떤 아이가 친구들과 하교를 하다가 교차로 앞에 서게 되었다. 몇몇 친구들은 교차로로 돌아가지 않고 지름길을 택해 보리밭을 가로질렀다. 보리밭 싹이 죄다 밟히는 것을 본 아이는 친구들의 행동을 말렸다. 이런 일이 계속 반복되자 '어린 보리들을 위해 큰길로 가주세요'라고 쓴 팻말을 만들어 놓기도 했다. 이 사실을 알게 된 아이의 부모는 기뻐하면서 "참, 잘했구나!" 하고 칭찬해주었다. 이 말은 아이가 받은 최고의 상이었다.

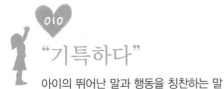

"기특하다"

아이의 뛰어난 말과 행동을 칭찬하는 말

모든 아이가 천재는 아니지만, 누구나 아이를 천재로 키우는 부모가 될 수는 있다. "기특하다"라는 말은 아이에게 감동을 주고, 숨겨진 재능을 이끌어낸다.

어떤 아이가 수학 숙제를 하고 있었다. 몇 번을 반복해도 정답을 얻지 못해 애를 먹고 있는데 친구들이 같이 놀자고 찾아왔다.

"나는 아직 숙제를 못해서 놀 수가 없어."

아이는 숙제를 마친 친구들한테 열등감을 느끼며 그렇게 대답했다.

그때 아이의 엄마가 기쁜 목소리로 말했다.

"우리 아이 정말 기특하구나!"

아이는 의아한 눈빛으로 "숙제를 다 하지 못했는데 뭐가 기특해요?" 하고 물었다.

"숙제를 끝낸 뒤에 놀겠다고 생각한 게 기특해서 그러지!" 엄마의 대답에 아이의 얼굴에는 웃음꽃이 피었다. 숙제를 끝내고 나자 엄마는 또 칭찬을 해주었다.

"엄마가 말했지? 너는 정말 기특한 아이야." 엄마의 칭찬은 아이의 열등감까지 씻어주었다.

문제를 잘못 풀 때마다 공책을 찢는 아이가 있었다. 매번 그러다 보니 남아나는 공책이 없었다. 이를 본 선생님이 미리 연습장에 문제를 푼 다음 공책에 옮겨 적으라고 했다. 아이가 그 말대로 하자 선생님은 반 친구들 앞에서 크게 칭찬해주었다. "정말 기특하구나!" 이후 이 아이는 문제를 미리 풀어본 뒤 공책에 옮겨 쓰는 습관을 가지게 되었다.

기특하다는 말에는 신뢰와 확신이 들어 있다. 이 말은 아이의 마음을 기쁘게 하고 원대한 포부를 불러일으키며 아이 스스로 잘 해낼 수 있다는 믿음을 가지게 한다. 기특하다는 칭찬을 통해 자신감을 키워주고 어린 마음에 '신념의 나무'를 심어 주자.

"옳은 일이야"
어떤 일을 제대로 해냈을 때 하는 말

아이들은 각자 자신만의 아름다운 세계를 가지고 있다. 부모가 애정어린 시선으로 바라본다면 아이의 세계에서 수많은 아름다움을 발견할 수 있다.

어느 날 엄마는 이른 아침부터 싸우는 두 아들 때문에 화가 났다. "너희 지금 뭐하니?" 그러자 형 밑에 깔려 있던 동생이 말했다. "뜰에 쌓인 눈을 치우려고 했어요. 내가 먼저 빗자루를 집었는데 형이 뺏으려고 했어요." 엄마는 그 말을 듣고 화를 풀었다. 서로 빗자루를 가지려고 다툰 것일 뿐 큰 잘못을 저지른 것은 아니었기 때문이었다. "옳은 생각을 했구나! 덕분에 뜰이 깨끗해지겠다. 하지만 싸우는 건 안되지. 누구든 빗자루를 먼저 잡은 사람이 뜰을 쓸고, 다른 사람이 옆에서 도와주면 돼. 쓰레기를 버리는 일을 할 수도 있잖아." 엄마의 말을 듣고 두 아이는 고개를 끄덕였다.

어떤 아이가 하굣길에 시각장애인 아저씨를 만났다. 아이는 아저씨의 팔을 잡고 길을 안내하여 집까지 모셔다드렸다. 아이가 늦게 돌아온 까닭을 들은 가족들은 "정말 옳은 일을 했구나." 하며 크게 기뻐했다.

"옳은 일이야"라는 말은 직접적으로 아이의 행동을 칭찬하는 말이다. 이 말을 들은 아이는 앞으로도 계속 그렇게 행동할 것이고, 어떤 일이든 올바르게 해내기 위해 노력할 것이다. 부모라면 아이가 하는 일에 관심을 가지고 옳은 일은 칭찬하고, 그렇지 않은 일은 적절히 비판해야 한다. 아이는 그러한 관심 속에서 건강하게 자라날 수 있다.

"너는 유명해질 거야"

어려움을 이기게 하는 말

집 앞 공터에서 아빠가 아이에게 자전거 타는 법을 가르치고 있었다. 아이의 머리는 젖혀진 채 왼쪽 어깨에 닿을락 말락 했고, 얼굴 근육은 연신 실룩거렸다. 장애를 가진 아이가 자전거를 배우는 모습은 애처로울 만큼 힘들어 보였다. 그러나 지나가는 발걸음을 잠시 멈추고 살펴보면 아이의 표정은 더없이 밝았고, 두 눈은 기쁨으로 반짝거렸다. 아이의 아빠는 관심을 보이는 사람들한테 이렇게 말했다.

"우리 아이는 친구들이 놀린다고 학교에 가지 않으려고 했어요. 자기 모습에 괴로워하고, 성적도 나빴어요. 그래서 제가 세계적으로 유명한 과학자 스티븐 호킹의 사진을 보여주며 얘기했어요. 너는 이 사람을 닮았다고…. 열심히 공부하면 스티븐 호킹처럼 훌륭한 과학자가 될 수 있을 거라고 했지요. 그때부터 아이는 열심히 공부했고, 친구들과도 잘 지내게 되었어요."

이 아빠는 아이의 이름을 상표로 등록해 놓기도 했다. 아이 방에는 '샹양'이라는 아이 이름으로 만든 상표가 여러 물건에 붙여져 있었다.

"나는 우리 아이가 유명해질 거라고 믿습니다. 가장 중요한 것은 아이 스스로 그렇게 믿는 거예요. 아이가 괴로워하거나 좌절할 때면 그런 과정도 소중한 경험이라고 얘기해 줍니다. 너는 이다음에 크면 반드시 쓸모 있는 사람이 될 거고, 그때가 되면 사람들이 네 이름이 적힌 제품을 사용하게 될 거라고 하지요. 그런 말을 한 뒤로 아이는 조금씩 힘을 냈고, 노력하기 시작했어요. 매일 자기 이름으로 만든 상표를 보면서 삶의 의욕을 키운 거예요." 아빠의 사랑 덕분에 아이는 시련에 맞설 용기를 갖게 되었다.

자오강은 날마다 열심히 공부하는 것 같았지만 주입식 교육에 별 흥미를 느끼지 못하고 있었다. 어느 날 자오강은 길거리에서 혼신의 힘을 다해 조각하는 사람을 보고 한참 동안 그 자리에 서서 그 모습을 지켜보았다. 그날 이후 자오강은 쓸 만한 나뭇가지나 돌멩이만 있으면 여러 가지 모양을 만들어 보았다. 기회가 닿을 때마다 작품을 구상하고 조각 기술을 익히기도 했다. 그러면서도 성적 때문에 엄마를 실망시킬까 봐 걱정했다. 자오강은 공부도 열심히 하고 싶었지만 끝내 대학 입학시험을 통과하지 못했다.

그런데 자오강의 엄마는 아들에게 실망하지 않고 오히려 이렇게 말했다. "대학에 가는 게 전부는 아니란다. 너는 반드시 유명해질 거야!" 자오강은 엄마를 실망시키지 않기 위해 노력했고, 세상에 나아가 많은 경험을 쌓기로 했다. 몇 년 후 큰 도시에서 저명인사의 동상을 세우기 위해 조각가를 모집했다. 많은 조각가들이 자신의 이름을 동상에 새기고 싶어 했다. 자오강은 그 일을 맡게 되었고, 제막식 날 가슴에 담아 둔 이야기를 꺼냈다.

"이 영광을 어머니께 바칩니다. 학업 성적이 기대에 못 미칠 때도 언제나 저를 믿어 주시고, 낙심 할 때마다 격려해 주신 어머니 덕분에 이 자리에 설 수 있게 되었습니다."

수많은 인파 속에서 자오강의 어머니는 조용히 눈물을 흘렸다.

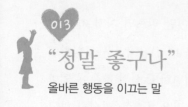

013

"정말 좋구나"

올바른 행동을 이끄는 말

운명은 사람의 성격에 달려 있다는 말이 있다. 행복과 성공은 사람의 성격에 의해 좌우된다는 것이다.

성격이란 주위 사람과 사물을 대하는 태도이다. 자신감이 넘치거나 열등감에 시달릴 수도 있고, 자기 자신에게 너그럽거나 엄격할 수도 있다. 주위 사람에게 애정을 가지거나 무관심 또는 냉정한 태도를 가질 수도 있다. 또 자신이 맡은 일에 성실히 임하거나 자포자기식으로 지낼 수도 있으며 재물을 아끼거나 함부로 낭비할 수도 있다.

이 중에서도 성실함은 인생을 성공으로 이끄는 힘이 되고, 자아에 대한 긍정적인 마음은 삶을 옳은 방향으로 이끈다. 이 두 가지는 배의 노와 핸들처럼 아이가 인생의 바다를 잘 건널 수 있게 한다.

아이는 칭찬을 받으면 성실한 삶의 태도와 긍정적인 자아상을 키워나갈 수 있다. 어떤 부모는 아이를 끔찍이 사랑한 나머지 아무 일도 시키지 않는다. 아이가 어떤 일을 직접 해볼 기회를 주지 않는 것이다.

아이를 위한다면 자신의 힘으로 일상적인 일을 해볼 수 있게 해야 한다. 처음에는 아주 간단한 일을 시켜서 잘 해내면 "이렇게 도움을 받으니 정말 좋구나!" 하고 칭찬을 해준다. 다음번에는 조금 더 어려운 일을 맡긴다. 난도가 높은 일은 조금 도와줘도 된다. 아이가 포기하지 않고 해낼 수 있도록 옆에서 격려도 해주어야 한다. 시간이 지나면 아이 스스로 요령을 익히고, 실력을 쌓게 될 것이다. 이런 경험을 통해 아이는 성실함과 긍정적인 자아상을 갖게 된다.

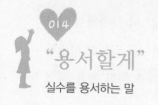

014

"용서할게"

실수를 용서하는 말

 농부가 아들에게 과수원에 자란 잡목을 자르라고 시켰다.
아들은 작업을 하다가 그만 사과나무 한 그루를 통째로 자
르고 말았다. 농부는 그 사실을 알고도 모르는 체했다. 저
녁 무렵 농부는 넌지시 "사과나무를 자르지는 않았겠지?"
하고 물었다. 그러자 아들은 솔직하게 대답했다. "죄송해
요. 아까 실수로 사과나무 한 그루를 베고 말았어요. 제가
부주의한 탓이에요." 그 말을 듣고 농부는 기뻐하면서 말했
다. "사실은 네 실수를 알고 있었단다. 솔직하게 말했으니
이번에는 용서해주마. 사과나무를 벤 것보다 거짓말을 하
는 게 더 속상한 일이란다."

 아이가 시험 성적을 나쁘게 받아왔다고 해서 화를 내지
말자. 아이의 실력을 인정하면서 틀린 문제를 같이 되짚어

보자. 야단을 치는 것은 잘못을 숨기게 할 뿐이다. 따뜻한 관심으로 감싸면 아이는 잘못을 저지르더라도 거짓말을 하거나 도망갈 필요가 없다는 것을 깨닫게 된다.

리에닝은 새로 산 누나의 자를 부러뜨렸다. 아이는 곧바로 자신의 잘못을 가족에게 알렸다. 엄마는 누나한테 동생이 잘못을 인정했으니 용서해주어야 한다고 했다. 그런데 며칠 뒤 리에닝은 더 큰 실수를 하게 되었다. 외삼촌 댁에서 놀다가 장식 유리병을 깨뜨린 것이다. 외숙모는 아이들을 불러 모아 놓고 누가 유리병을 깼는지 물었다. 아이들은 이구동성으로 자기가 한 일이 아니라고 했다. 그 속에 낀 리에닝은 유리병을 깬 것도 모자라 거짓말까지 하게 된 것이다.

리에닝의 엄마는 처음부터 아들의 잘못을 눈치채고 있었지만 아무 말도 하지 않았다. 직접 나서서 거짓말을 밝히고 벌을 주면 간단히 해결될 일이었지만 아이가 스스로 잘못을 깨닫고 거짓말한 일을 부끄러워하기를 기다렸다. 며칠 뒤 잠자리 인사를 나누던 리에닝은 울음을 터뜨리며 말했다. "엄마, 제가 거짓말을 했어요. 그날 제가 유리병을 깬 거예요!" 엄마는 흐뭇한 미소를 지으며 말했다.

"사실대로 말했으니 용서해줄게."

용서를 받은 아이는 자신의 잘못을 뉘우치고 똑같은 실수를 저지르지 않기 위해 노력하게 된다. "용서해줄게"라는 말은 아이가 스스로 잘못을 고칠 수 있는 기회를 주는 것과 같다.

"이대로의 네 모습이 좋아"

아이의 정서를 다독일 때 하는 말

아기를 안은 부모는 "우리 귀염둥이!" 하면서 무한한 애정을 표현한다. 아이가 처음 말을 배우거나 걸음마를 할 때, 부모들은 기적을 만난 듯 감탄하면서 기쁨을 표현한다. 아이의 천진난만한 표정과 작고 뽀얀 분홍빛 뺨은 부모의 가슴에 한없는 애정을 샘솟게 한다. 그러나 아이가 자랄수록 그런 마음은 차츰 사라지고, 애정표현도 점점 줄어든다.

사실 부모를 기쁘게 하는 것은 아이의 나이나 외모와 크게 상관없다. 아이는 언제나 성장하는 중이기 때문에 그 과정 하나하나가 기쁨을 줄 수 있다. 부모라면 성장 과정에서 나타나는 아이의 모든 모습을 사랑해야 한다.

예쁘고, 똑똑해서 보는 사람마다 칭찬하는 여자아이가 있었다. 이 아이는 여섯 살 되던 해 나뭇가지에 눈이 찔려서 그만 왼쪽 시력을 잃고 말았다. 아이는 상심한 나머지 매일 눈물을 흘리며 지냈다. 아이의 부모는 "지금 이대로의 네 모습을 사랑한단다!"라고 말하며 변함없는 애정을 표현하였다. 그 말 덕분에 아이는 꿈 많은 소녀로 다시 돌아갈 수 있었다. 열심히 공부하고, 노래를 부르고, 땀범벅이 될 때까지 춤도 추었다. 부모의 한없는 사랑과 이러한 노력 덕분에 아이는 각종 경연 대회에서 여러 차례 우승을 거두며 자신의 꿈을 향해 나아갈 수 있었다.

"지금 이대로의 네 모습이 좋다."는 말은 아이의 마음을 따뜻하고 편안하게 해준다. 부모가 자기를 있는 그대로 사랑해준다고 느낄 때 아이는 인생의 거친 바다에 맞설 자신감을 가질 수 있다. 아이는 자신의 좋은 모습을 유지하고, 더 나아지기 위해 노력하게 된다.

"네가 해낼 거라고 믿어"

아이가 능력을 최대한 발휘하게 하는 말

릴리는 어렸을 때 천식을 앓았지만 여섯 살 때부터 수영을 배운 덕분에 건강해졌다. 릴리는 엄마가 그만 하라고 말릴 때까지 물속에 머물며 수영을 즐기곤 했다. 열 살 때부터는 각종 수영 대회에서 상을 받으며 수영선수의 꿈을 키워나갔다.

그러나 불행하게도 릴리는 큰 교통사고를 당하게 되었다. 사고 직후 병원으로 후송되었지만, 출혈이 심해 두 다리를 절단하는 수술을 받아야만 했다.

릴리는 의사가 놀랄 만큼 의연한 태도를 보였다. 수술 후 다섯 시간 만에 의족을 사용하는 데 익숙해졌고, 끊임없이 복도를 왔다 갔다 하며 자신의 힘으로 움직이기 위해 노력했다. 6주가 지난 다음 릴리는 다시 물속에 들어갈 수 있었다. 릴리는 두 다리가 없었기 때문에 물에 뜨는 일부터 다시 배워야 했다. 이후 릴리는 열심히 노력한 끝에 장애인으로서는 최초로 올림픽 수영대회에 참가하게 되었다.

릴리가 큰 좌절을 겪으면서도 자신이 좋아하는 일을 포기하지 않을 수 있었던 것은 부모의 신뢰 덕분이었다. 릴리의 엄마는 딸에게 불행이 닥쳤을 때 슬픔에 빠지기보다는 변함없는 신뢰를 보내며 "네가 해낼 수 있다고 믿는다. 너는 의지가 강하고 에너지가 넘치는 아이야."라고 말했다.

릴리는 "엄마는 나를 항상 믿어줬어요. 언제나 묵묵히 응원해주고 아무것도 강요하지 않았어요. 덕분에 저는 포기하지 않고 계속 나아 갈 수 있었어요. 제가 깨달은 것은 어떤 일이든 최선을 다해야 한다는 거예요. 아무리 시간이 많이 걸리더라도 말이에요." 하고 말했다.

누구나 힘든 일이 생기면 현실을 외면하고 싶어 한다. 특히 아이들은 몸이 아프다는 핑계를 대면서 학교에 가기 싫어하고, 주어진 일을 미루려고 할 때가 많다.

감당하기 힘든 일이 닥치면 부모 역시 아이와 함께 현실을 인정하지 않으려고 한다. 가혹한 현실에 상처받지 않기 위해 아이를 보호하는 데에만 급급하다면 어떤 어려움도 극복할 수 없다. 시련을 이겨내기 위해서는 먼저 현실을 인정하고 그 속에서 해결 방법을 찾아나가야 한다.

아이가 자신이 좋아하는 일을 찾고, 꿈을 이루고 싶어 한다면 어떤 상황이 닥치더라도 "네가 해낼 거라 믿는다!"라고 말해주자. 자신이 좋아하는 일을 찾지 못했거나 잘하는 일이 별로 없는 아이라 하더라도 이런 말을 들으면 무슨 일이든 열심히 하기 위해 노력할 것이다.

부모는 아이의 장점을 발견하고, 대견하다는 눈빛과 격려의 말로 재능을 키워줘야 한다.

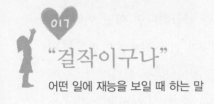

017

"걸작이구나"

어떤 일에 재능을 보일 때 하는 말

자신의 생각이나 관심거리를 훌륭하게 표현했을 때 지나치게 칭찬을 하면 오히려 효과가 반감된다. 아이가 그림 그린 것을 보여줄 때는 잘 그렸다고 인정을 해주면 된다. 여기에 덧붙여서 "그림을 잘 그렸으니까 맛있는 요리를 해줄게."라는 식으로 말을 하면 아이는 되레 "맛있는 걸 먹으려고 그린 건 아니에요." 하며 싫증 난 태도를 보일 수도 있다. 칭찬은 상을 주기 위한 것이 아니라 인정을 해주기 위한 것이다.

레오나르도 다빈치가 뛰어난 화가가 될 수 있었던 것은 아들의 재능을 발견하고 지지해준 아버지 덕분이었다. 다빈치는 대자연의 풍경을 좋아하고, 동굴 같은 곳을 탐험하기도 하며, 풀숲에 앉아 꽃과 나무를 관찰하고 그림을 그리며 자라났다.

하루는 집에 있는 널빤지를 방패 모양으로 잘라서 그 안에 그림을 그려 넣었다. 그림에는 뱀, 나비, 박쥐, 메뚜기를 비롯해 작은 동물들이 섬세하게 묘사되어 있었다. 다빈치의 아버지는 그 그림을 보고 "대단한 걸작이구나!" 하고 기뻐하며 아들을 칭찬했다. 그리고 아들이 미술 공부를 할 수 있도록 적극적으로 도왔다. 다빈치는 언제나 아버지의 칭찬을 들으며 열심히 그림을 그렸고 마침내 세계적인 화가가 되었다.

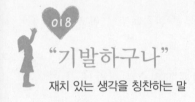

018

"기발하구나"

재치 있는 생각을 칭찬하는 말

아이들은 상상력이 뛰어나다. 호기심이 많은 아이들의 상상력은 어른의 생각을 뛰어넘는 경우가 많다.

다섯 살배기 여자아이가 테라스 벤치에 앉아 하늘을 보다가 말했다. "엄마, 별은 어디서 왔어요?" 부엌에서 요리를 하던 엄마는 "네가 한 번 맞춰 보렴." 하고 말했다. 그러자 아이가 반죽을 하는 엄마 모습을 보고는 "별이 어떻게 생겼는지 알겠어요! 달을 만들고 남은 거예요!" 하고 말했다. 엄마는 딸의 상상력에 감탄하며 "정말 기발한 생각이구나!" 하고 말했다. 이것은 아이의 상상력에 날개를 달아주는 말이다.

어떤 아이가 할아버지 댁에 가서 밀알 줍는 일을 거들게 되었다. 아이는 밀밭에서 타작을 하는 할아버지께 뜬금없이 "할아버지, 밀알은 왜 이렇게 작아요?" 하고 물었다. 할아버지는 "천만년 전부터 이렇게 작았을걸!" 하고 대답했다. 그러자 아이가 "밀을 사과나무 밑에 심으면, 밀알이 사과처럼 커지지 않을까요?" 하고 말했다. 할아버지는 "정말 기발하구나! 내일 당장 네 말대로 해봐야겠다!" 하고 말했다. 아이의 상상력이 미치지 않는 곳은 없다. 부모가 마음의 문을 열고 아이의 손과 발을 자유롭게 풀어주기만 한다면 상상력은 꿈의 세계를 마음껏 날아다니게 된다.

019

"많이 발전했네"

아이의 발전을 격려하는 말

타오타오의 엄마는 유치원 선생님께 아이가 잘 지내는지 물어보았다. 선생님은 타오타오가 앞에 나서는 걸 부끄러워하고, 어쩌다 발표라도 시키면 기어들어가는 목소리가 된다고 했다. 그날 타오타오의 엄마는 아이에게 이렇게 말했다.

"선생님이 방금 너를 칭찬하셨단다. 네가 큰형이 되고 나서 용감해졌다는구나. '누가 노래 부를래?' 하면 앞에 나가서 제일 씩씩하게 노래를 부른다고 하시던데?"

그날 이후 모든 것이 달라졌다. 타오타오는 무슨 일이든 앞에 나서서 하기 시작했고, 시에서 개최하는 노래 대회에 참여하기도 했다.

타오타오의 엄마는 아이한테 좋은 결론을 내려줌으로써

아이가 실제로 그렇게 되도록 만들었다. 이것을 '꼬리 붙이기 효과'라고 한다. 부모와 교사는 자신도 모르는 사이에 아이에게 여러 가지 꼬리표를 붙인다. 좋은 꼬리표는 아이가 좋은 생활 습관을 가지게 하고, 나쁜 꼬리표는 나쁜 습관을 더욱 고치기 힘들게 만든다.

중국의 교육학자 타오싱즈는 교육의 비결은 아이를 믿고 자유롭게 풀어주는 데 있다고 했다. 이 과정에는 반드시 칭찬이 필요하다. '많이 발전했다'는 칭찬을 들은 아이는 그렇지 못한 아이보다 좋은 성과를 얻는다. 착하다는 말을 들은 아이는 더 예의 바른 아이가 될 것이고, 노래를 잘 부른다고 칭찬받은 아이는 더 열심히 노래를 부르게 될 것이다.

칭찬을 할 때는 명확하게 말해야 한다. 대충 얼버무려서 칭찬하면 아이는 속는다거나 무시당한다고 느낄 수 있다. 또한 엉뚱한 것을 칭찬하지 않도록 해야 한다. 잘못한 일을 칭찬받으면 옳고 그름을 판단하는 기준이 뒤죽박죽 섞여버리고, 나쁜 행동을 고치기가 어려워진다.

장기 두는 걸 좋아하는 아버지가 두 아들에게 장기를 가르쳤다. 큰 아들은 초등학교 2학년 때부터 장기를 배웠는

데 별다른 진전이 없었다. 아버지는 실망감을 감추지 못하고 "넌 1학년짜리처럼 장기를 두는구나!" 하고 말했다. 그러자 아들은 아무리 설득을 해도 다시는 장기를 두지 않겠다고 했다.

유치원에 다니는 둘째 아들한테 장기를 가르칠 때는 방법을 완전히 바꾸었다. 아들이 장기를 둘 때마다 "실력이 많이 늘었구나!" 하고 칭찬을 한 것이다. 칭찬을 받은 둘째 아들은 열심히 장기를 배워서 프로 기사가 되었다. 두 아들에 대한 아버지의 상반된 평가가 두 아들에게 전혀 다른 결과를 가져온 것이다.

아이들은 '빨리 크고 싶다'라는 소망이 있다. 자기보다 나이가 많은 사람 앞에서는 스스로 작고 약하다고 느낀다. 빨리 성장하고 싶은 아이의 욕망을 무시하고, 실제 나이보다 수준이 낮다고 핀잔을 주면 아이의 성장은 멈춰버린다.

때로 아이의 발전이 더디게 느껴지거나 남들보다 뒤떨어지게 보인다고 하더라도 아이가 수치심을 느낄 수 있는 꼬리표를 달아서는 안 된다. 오히려 그럴 때일수록 "많이 발전했구나!"라는 칭찬의 꼬리표를 달아서 아이의 성장을 이끌어야 한다.

020

"할 수 있어"

아이를 응원하는 말

난난은 작문 실력이 나쁘고, 학교 성적도 중간밖에 되지 않았다. 성적표를 가져온 날 아버지는 아들을 곁에 앉혀 놓고 성적 결과를 꼼꼼히 살펴봤다. 난난은 그 자리에 앉아 있는 것만으로 창피했고, 꾸지람이 두려웠다. 그런데 아버지는 뜻밖에도 "내가 뭐라고 하지 않아도 열심히 공부해야한다는 걸 알고 있을 테다. 넌 할 수 있어! 대신 한 가지만부탁 하마. 오늘 밤부터 매일 자기 전에 20분씩 책을 읽으렴. 교과서를 읽어도 좋고, 아빠 책꽂이에 있는 책도 괜찮단다."

이 말은 난난의 인생을 바꾸어 놓았다. 난난은 아버지의 감시 아래 매일 밤 책을 읽은 뒤 잠자리에 들었다. 교과서를 모두 읽은 다음에는 문학이나 자연과학에 관한 책도 읽기 시작했다. 책 읽기에 흥미를 가지게 된 다음에는 아버지의 감시가 없어도 책을 읽지 않고는 잠자리에 들 수가 없었다. 그 결과 난난의 성적은 점점 향상되었고, 그때마다 아버지는 "넌 더 잘할 수 있을 거야!" 하고 격려해주었다. 난난은 잠들기 전에 책 읽는 습관을 평생 가졌고, 나이가 들어 퇴직한 이후에는 글을 썼다.

부모의 입에서 나오는 몇 마디 말이 아이의 인생을 바꿀 수 있다. 아이는 할 수 있다고 말하면 진짜 그 일을 해내고, 할 수 없다고 말하면 잘하는 일도 못하게 된다. 아이는 바로 이런 존재이다. 아이에게 필요한 것은 자신에게 갈채를 보내는 관중이다. 부모가 펄쩍 뛰며 기뻐하면 아이는 더 큰 기쁨을 선사한다.

아이들은 누구나 칭찬을 갈망한다. 아이의 인생을 성공으로 이끄는 말 한마디를 하는 데 인색할 필요는 전혀 없다. 이제 막 인생의 첫걸음을 뗀 아이에게 섣불리 좌절을 안기는 말을 해서는 안 된다. 작은 불씨 같은 아이의 재능을 찾아내 거기에 바람을 불어 넣고, 그 불씨가 맹렬히 타오르도록 해주자. 개선할 점이 많은 아이일수록 "넌 반드시 할 수 있어!"라고 말해주어야 한다.

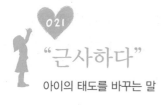

"근사하다"

아이의 태도를 바꾸는 말

영어를 할 줄 몰라서 아이의 숙제를 잘 돌봐 줄 수 없는 엄마가 있었다. 대신 엄마는 아이가 영어 숙제한 것을 보여 주면 그때마다 "근사하다!" 하면서 그것을 거실 벽에 붙여 놓았다. 그러고는 손님이 올 때마다 "이것 좀 봐! 우리 아이가 영어 숙제를 이렇게 잘했어!" 하고 말했다. 사실 아이가 해 놓은 과제는 그리 훌륭하지 못했다. 스스로 그 점을 잘 알고 있던 아이는 매번 '내일은 더 잘해야지!' 하고 생각했고, 하루가 다르게 영어 성적이 올랐다.

어떤 엄마는 아이의 음악적 감수성을 키워주기 위해 매일 저녁 다양한 음악을 들려주었다. 하루는 '백조의 호수'를 틀어 놓고 "이 노래를 들으니까 어떤 장면이 떠오르니?" 하고 물었다. 아이는 예상 밖에도 "코가 큰 마녀가 춤추는 장

면이 떠올라요." 하고 말했다. 평소 장난기가 많은 아이는
틈만 나면 사람들이 놀랄 말을 내뱉곤 했다. 아이의 엄마는
실망한 마음을 감추고 이렇게 말했다.

"근사한 생각이구나! 작은 머리로 어떻게 그렇게 좋은 생
각을 해내니?"

엄마의 칭찬을 듣고 아이는 더 많은 것을 멋지게 표현하
고 싶었고, 진짜로 음악을 좋아하게 되었다.

바이올린 연주를 좋아하는 아이가 있었다. 하지만 아이의
연주 실력은 형편없어서 선생님이나 친구들은 물론 가족들
조차 그 연주를 참아 내지 못했다. 아이는 혼자 뒷산에 올
라가 꽃과 나무를 바라보며 연주를 해야만 했다. 그런데 그
곳을 지나가던 노인이 아이의 연주를 듣고 크게 박수를 쳐
주었다. "나는 귀가 들리지 않는단다. 그런데 네 바이올린
연주가 근사하다는 걸 충분히 느낄 수가 있구나." 노인은
아이가 자신의 실력을 부끄럽게 여길까 봐 일부러 귀가 들
리지 않는다고 말했던 것이다. 사실 그는 훌륭한 바이올린
연주가였다. 아이는 매일 뒷산에 올라가 노인 앞에서 바이
올린을 연주했다. 몇 달이 지나자 아이의 연주 실력은 몰라

보게 발전했다.

　"근사하구나!"라는 말은 아이의 가슴에 기쁨을 주고, 희망을 자라게 한다. 아이와 가장 가까운 곳에 있는 부모는 일상의 작은 일이라도 끊임없이 칭찬을 하고, 기쁨을 나눔으로써 아이의 인생을 보다 발전적인 방향으로 이끌어야 한다.

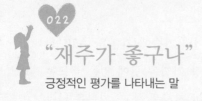

022

"재주가 좋구나"
긍정적인 평가를 나타내는 말

세 살짜리 아이가 고사리 같은 손으로 양말을 빨아서 햇볕에 널었다. 아이는 양말 빠는 일을 재미있는 놀이처럼 여겼다. 그 모습을 지켜본 엄마는 이렇게 말했다. "재주가 좋구나. 벌써 엄마를 도와주다니!" 아이는 자기 힘으로 무언가 해냈다는 생각에 뿌듯했다.

어떤 여자아이는 시력 나쁜 엄마가 구멍 난 양말을 힘들게 꿰매는 것을 보고 "제가 한번 해 볼게요." 하고 말했다. 아이가 열심히 양말을 꿰매는 모습을 보고 엄마는 "정말 재주가 좋구나. 엄마보다 잘하는데!" 하고 칭찬해주었다.

앞이 보이지 않아 익숙한 길에서도 곧잘 넘어지곤 하는 사람이 있었다. 이 사람의 어린 아들은 아버지를 부축하고 다니다가 방향이나 장애물 등에 대한 내용을 짧은 노래로 만들었다. 아버지가 그 내용에 맞춰 길을 가자 한 번도 넘어지지 않을 수 있었다.

아버지는 크게 기뻐하며 아들한테 "정말 좋은 방법을 생각해냈다. 너는 정말 재주가 좋아!" 하고 말했다. 이런 칭찬은 아이가 보람을 느끼고, 더 좋은 생각을 해내게 만든다.

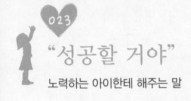

023

"성공할 거야"

노력하는 아이한테 해주는 말

명문 고등학교에 입학한 아이가 있었다. 사람들은 그 공로를 아이의 어머니한테 돌렸다. 초등학생 때 아이의 엄마는 담임선생님으로부터 "아이가 50명 중에서 47등을 했어요. 공부에 소질이 없는 것 같습니다." 하는 말을 들었다. 집으로 돌아온 어머니는 환하게 웃으며 "선생님이 너를 믿고 계시더라. 너는 똑똑해서 조금만 노력하면 28등을 한 네 짝을 금방 따라잡을 거라고 하던데?" 하고 말했다.

아이가 중학생이 되자 담임선생님은 고등학교 진학이 힘들 것 같다고 얘기했다. 하지만 어머니는 아이에게 "선생님이 너를 흡족하게 생각하시더라. 조금만 노력하면 성공할 수 있대." 하고 말해주었다. 아이는 어머니의 말을 믿고 열심히 노력한 끝에 명문 고등학교에 당당히 합격했다.

빅토르 위고는 아카데미 프랑세즈 주최 공모전에 참가하기 위해 열심히 시를 지었다. 그런데 응모 마감일을 하루 앞두고 갑자기 어머니가 쓰러져 혼수상태에 빠지고 말았다. 위고는 다소 만족스럽지 못한 작품으로 공모전에 참가할 수밖에 없다고 생각했다.

그런데 혼수상태에서 깨어난 어머니는 아들의 손을 끌어당기며 "넌 반드시 성공할 거야. 네가 꼭 공모전에서 상을 받으면 좋겠구나. 가장 멋진 시를 지어보렴." 하고 말했다.

그날 밤 위고는 아픈 어머니 곁에서 창작에 몰두한 결과 120행짜리 시를 완성했다. 위고는 이 시로 공모전에 당당히 입상했다. 어머니는 아들의 수상 소식을 듣고 병의 증세가 빠르게 호전되었다. 이후 위고는 연이어 공모전에 입상해 프랑스 최고의 학술단체 아카데미 프랑세즈의 최연소 회원이 되었다. 위고는 프랑스 문단의 주목을 한 몸에 받았고, '레미제라블' '노트르담의 파리' 같은 세계적인 명작을 저술했다.

024

"넌 기적을 만들 거야"
아이의 적극성을 불러오는 말

  미국의 유명한 텔레비전 토크쇼 진행자 오프라 윈프라는 미국 남부의 지독하게 가난한 가정에서 태어났다. 오프라는 어렸을 때부터 건달들과 어울렸고, 열네 살에는 가출을 했다. 그녀의 어머니는 손쓸 방법이 없다고 여기고 아이의 교육을 전적으로 아버지 손에 맡겼다. 그녀의 아버지는 아이의 미래를 포기하지 않고, 목표를 정하고 그에 따른 엄격한 규율과 계획을 세웠다. 오프라는 매일 독서 노트를 쓰고, 정해진 양만큼 단어를 암기했다.

  그녀의 아버지는 항상 딸에게 "평생 기적을 볼 수 있는 사람도 있고, 보지 못하는 사람도 있단다. 그리고 어떤 사람은 직접 기적을 만들어 낸단다. 너는 반드시 기적을 만드는 사람이 될 거야!" 하고 말했다. 오프라는 아버지의 믿음에

힘입어 하루하루 열심히 노력하며 기적이 일어나기를 소망
했다. 훗날 그녀는 "나는 물도 전기도 없는 집에서 살았다.
사람들은 내가 공장이나 목화밭에서 일하는 것 말고는 아
무것도 할 수 없을 거라고 생각했다. 하지만 아버지는 노력
하는 사람이 성공할 수 있다는 진리는 알게 해 주셨다. 기
적을 만드는 사람이 될 거라고 한 아버지의 말은 내 인생을
변화시켰다." 하고 말했다.

몬티 로버츠는 미국 역사상 가장 유명한 말 조련사이다.
그는 어렸을 때부터 마부였던 아버지를 따라다니며 마구간
이나 마장을 놀이터 삼아 지냈다. 중학교 졸업을 한 학기
남겨 놓고 선생님은 장래 희망에 대해 써오라는 숙제를 냈
다. 소년은 오랜 시간 공을 들여 일곱 페이지에 거쳐 자신
의 꿈을 썼다. 소년의 꿈은 자신의 방목장을 운영하는 것
이었다. 소년은 단순히 꿈이 무엇인지 적는 데 그치지 않
고, 구체적인 청사진을 그려 놓았다. 80만 제곱미터 규모
의 방목장 지도를 그려 놓고, 경주용 트랙과 마구간을 비
롯한 여러 건물의 위치와 이름을 상세히 표시해 놓았다. 그
옆에 자신이 살 330제곱미터 규모의 집도 그려 놓았다.

그런데 선생님은 소년을 불러 놓고 다시 숙제를 해 오라고 했다. "말도 안 되는 장래 희망을 써냈구나. 네 형편에 이런 꿈이 어울리니? 방목장을 가지려면 어마어마하게 넓은 땅을 사야 하고, 순종 말도 사야 해. 넌 가진 돈도 없고, 별다른 재능도 없는 데다 아버지를 따라 떠돌아다녀야 하잖아. 좀 더 현실적인 목표를 써온다면 그때 점수를 주마."

소년은 아버지한테 자신의 고민을 털어놓았다. 아버지는 "미래에 대해서는 너 자신만의 생각이 있어야 한단다. 그건 아주 중요한 결정이거든. 네가 하고 싶은 일이라면 반드시 이루어질 거다!" 일주일 뒤 소년은 숙제를 조금도 고치지 않고 다시 제출했다.

30년의 세월이 흐른 뒤 소년은 정말로 자신이 계획을 세운 대로 대규모 방목장의 주인이 되었다. 그는 자신의 꿈을 써 놓은 중학교 때 과제를 액자 속에 넣어 집안 벽난로 위에 걸어 놓았다. 몬티 로버츠는 유명한 말 조련사로 이름을 떨쳤을 뿐 아니라 어려운 형편에서 꿈을 키워나가는 많은 청소년들을 후원했다.

025

"다 컸구나"

아이가 책임감을 보일 때 하는 말

다섯 살 꼬마 베이베이는 가족과 함께 마트에 가려고 집을 나섰다. 그런데 누나가 먼저 자동차에 올라타는 바람에 기분이 상했다. 엄마는 아이 앞에 쪼그리고 앉아 두 손을 맞잡고 이렇게 타일렀다. "베이베이도 이제 다 커서 다른 사람이 먼저 차에 올라타도 괜찮지?" 아이는 고개를 끄떡이며 아무렇지 않은 표정으로 차에 올라탔다.

다음날 가족은 공원에 갔다. 베이베이는 오리 떼를 보려고 호수로 달려가다가 넘어지고 말았다. 아이의 눈에 금세 눈물방울이 그렁그렁 맺혔다. 엄마는 아이한테 달려와 다정하게 말했다.

"넌 이제 아기가 아니야. 그렇지? 넘어지면 씩씩하게 털고 일어나야지?"

아빠가 옆에서 맞장구를 치자 베이베이는 울음을 그치고 즐거운 얼굴로 달려갔다.

"다 컸다."는 말은 빨리 어른이 되고 싶은 아이들이 가장 듣고 싶어 하는 칭찬이다. 엄마 아빠가 이런 말을 하면 아이는 자신이 정말로 어른이 되었다고 생각하고 남들이 유치하게 여길 만한 행동은 하지 않으려고 한다.

여덟 살짜리 여자아이 린린은 말을 알아듣기 시작할 무렵부터 엄마의 평등 교육을 받았다.

린린의 엄마는 항상 "우리 딸 다 컸구나! 이제 뭐든 해낼 수 있어!" 하고 격려해주었다. 린린은 네 살 때부터 혼자 집에 있는 법을 배웠다. 린린의 엄마는 전화 거는 법을 알려주고, 무슨 일이 생기면 무조건 엄마 아빠한테 전화를 하라고 일렀다. 린린은 혼자 밥을 먹고 옷을 입고 잠자리에 들뿐만 아니라 장난감이나 책을 잘 정리해 놓았다. 린린의 엄마는 아이한테 크게 신경 쓸 일이 없었다. 주위 사람들은 어린아이가 어떻게 그렇게 자립심이 강할 수 있는지 놀라워했다.

대신 린린의 엄마는 아이와 한 약속을 반드시 지켰다. 약속을 지킬 수 없는 사정이 생기면 충분히 설명한 후 다음으로 미뤘다. 린린은 엄마가 거짓말을 하지 않는다고 믿었고, 언제나 엄마의 말을 신뢰했다.

그렇다고 해서 린린의 엄마가 아이를 어른으로 대하기만 한 것은 아니다. 두 사람은 시간이 날 때마다 장난을 치며 놀았고, 함께 만화영화를 본 다음에 수다를 떨기도 했으며 마주 앉아 그림을 그리기도 했다. 가끔 엄마와 아이는 역할을 바꿔보는 놀이를 하기도 했다.

이런 평등 교육법은 큰 효과를 거뒀다. 린린은 스스로 할 일을 잘 챙기고, 야무지게 행동했으며, 언제나 조리 있게 말하고 친구들은 물론 선생님과도 대화를 잘 나눴다.

마냥 어린아이로 취급당하는 아이는 진정한 어른으로 자랄 수 없다. 부모라면 어떻게 아이를 대하는 것이 진정 도움이 되는 일인지 깊이 생각해 봐야 한다.

아이를 독립적으로 대할 때 유의할 점은 다음과 같다. 첫째 부모는 되도록 아이와 많은 시간을 함께 보내야 한다. 독립적으로 대하는 것이 아이를 혼자 두라는 말은 아니다. 외로움을 느끼지 않고 따뜻한 정과 보살핌을 받은 아이라야 바른 독립심을 가질 수 있다. 둘째 부모는 아이를 함부로 꾸짖으면 안 된다. 아이의 잠재력을 이끌어내는 것은 야단이 아니라 격려이다. 격려를 받고 자란 아이는 미래에 대한 자신감을 가진다. 마지막으로 부모가 아이를 대신해서 너무 많은 결정을 내려서는 안 된다. 부모는 학습의 대리자가 아니라 보조자일뿐이다. 아이가 즐겁게 배우며 자랄 수 있도록 옆에서 도와주기만 하면 된다.

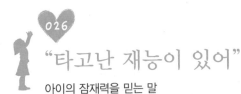

"타고난 재능이 있어"
아이의 잠재력을 믿는 말

칭찬은 아이의 영혼을 따뜻하게 감싸준다. 칭찬을 받지 못한 아이는 햇살을 받지 못한 식물처럼 건강하게 자랄 수 없다. 대다수의 부모는 아이가 다른 사람한테 차가운 말을 듣지 않기를 바라면서 정작 자신은 아이한테 함부로 말을 할 때가 많다.

가수의 꿈을 가진 소년이 있었다. 이 아이는 열심히 노래를 배웠지만 늘 안 좋은 평을 받았다. "넌 노래를 못 불러. 타고난 음치라고! 네 목소리는 바람에 흔들리는 블라인드 소리 같아."

아이는 선생님의 혹평을 듣고 실의에 빠졌다. 소년의 어머니는 가난한 농촌 아낙이었지만 아들을 격려하며 이렇게 말했다. "엄마는 네가 노래를 잘 부른다고 생각해. 분명 타고난 재능이 있어." 그녀는 한 푼 두 푼 모아서 아들에게 음악 공부를 시켰다. 이 소년이 바로 세계적인 오페라 가수 엔리코 카루소이다.

영국의 유명 소설가 찰스 디킨스는 어린 시절을 힘들게 보냈다. 아버지가 빚을 갚지 못해 감옥에 갇히자, 찰스와 어머니는 굶주림에 시달리게 되었다. 소년은 쥐가 나오는 허름한 화물 창고에서 하루 종일 구두약에 상표를 붙이는 일을 했다. 그러면서도 작가가 되고 싶은 꿈을 간직했다. 어머니는 한 푼이라도 아껴서 종이와 펜을 사 와 아들을 격려하며 말했다. "넌 글쓰기에 천부적인 재능이 있어! 이제부터 열심히 글을 써 보렴."

어머니의 칭찬과 격려는 그의 인생을 완전히 바꿔 놓았다. 소년은 날마다 글쓰기에 몰두했고, 마침내 유명한 작가가 되었다. 어머니의 칭찬이 없었다면 그는 평생토록 낡은 화물 창고에서 일만 했을 것이다.

부모는 누구나 아이가 뛰어난 재능을 가지길 바란다. "타고난 재능이 있다."라는 말은 아이의 능력을 키우는 데 더할 나위 없는 자극이 된다.

벤자민 웨스트는 영국의 유명한 역사 화가이다. 영국 로열 아카데미의 초대 원장 조슈아 레이놀즈는 '가장 존경받을 만한 가치가 있는 괴물 같은 사람'으로 그를 평했다. 그는 자신이 훌륭한 화가가 될 수 있었던 것은 어머니의 입맞춤 덕분이라고 얘기했다.

어느 여름날 어머니는 일곱 살짜리 벤자민한테 아기를 잠시 돌보게 했다. 벤자민은 부채로 아기 얼굴에 날아드는 파리를 쫓았다. 벤자민의 보살핌 속에 새근새근 잠이 든 아기 모습은 무척 귀여웠다. 벤자민은 손가락으로 부채 위에 아기 얼굴을 그리는 시늉을 했다. 그 모습은 본 엄마가 "아기 얼굴을 그리고 싶니?" 하고 묻자 벤자민은 그림 그리는 방법을 모른다고 했다. 엄마는 "한 번 해보지도 않고 잘하는지 못 하는지 어떻게 아니?" 하면서 물감을 가져다주었다. 벤자민은 집중해서 그림을 그렸다. 작업을 마치고 보니 얼굴과 옷은 물론이고 벽과 테이블이 온통 물감투성이였다. 벤자민은 틀림없이 야단을 맞게 될 거라고 생각했다. 그런데 벤자민의 어머니는 야단을 치기는커녕 그림을 찬찬히 살펴본 다음 "세상에! 사진을 찍어 놓은 것 같구나! 너는 천부적인 재능이 있는 게 분명해! 이다음에 위대한 예술가가 될 거다!"라고 말하며 아이의 볼에 입을 맞추어주었다.

어른이 경험한 것을 알려 주는 것은 도움이 될 수 있지만 아이가 직접 느끼고 경험하는 것보다 효과적이지 않다. 재능이 있다고 칭찬해 주고 그것을 펼칠 수 있는 기회를 만들어 주는 것은 아이의 미래에 날개를 달아주는 것과 같다.

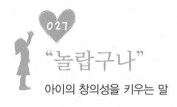

027

"놀랍구나"

아이의 창의성을 키우는 말

세 살배기 아이가 창문 앞에서 철판을 가지고 놀고 있었다. 아이는 철판에 반사된 빛으로 방 안이 환해지는 것을 보고 큰소리로 외쳤다.

"아빠! 제가 햇빛을 잡았어요!"

아이의 아빠는 함께 기뻐하며 말했다.

"놀랍구나! 정말 햇빛을 잡았니?"

햇빛을 잡는다는 것은 시적 발상이다. 이 아이가 바로 전자학의 대가 맥스웰이다. 그는 빛을 내는 것은 모두 전자파라고 정의하고, 태양에서부터 시작되는 모든 빛의 본질을 파악했다. 시적 감수성을 이용해 빛을 수학 방정식으로 풀어낸 것이다.

왕린은 말을 더듬었다. 왕린의 아버지는 10여 년 동안 말을 더듬는 환자를 치료했는데 정작 아들에게는 아무런 도움을 주지 못했다. 아버지가 말 더듬는 습관을 고쳐주려고 하면 왕린의 증상은 더 심해지기만 했다. 왕린은 점점 더 소극적인 성격이 되었고, 학교에서도 외톨이로 지냈다. 왕린은 혼자 조용히 책을 읽거나 글을 쓰며 생각에 잠길 때가 많았다.

어느 날 왕린의 엄마가 아들을 불렀다. "왕린, 너는 말을 더듬기는 하지만 글을 잘 쓰는 것 같구나. 엄마는 네가 쓴 글이 무척 궁금하단다. 엄마한테 그것을 한 번 읽어줄 수 있겠니?" 왕린은 용기를 내서 더듬더듬 자신이 쓴 글을 읽었다. 엄마는 "정말 잘 쓴 글이구나. 네가 직접 읽어주니 정말 놀라워!" 하며 크게 기뻐했다. 이후 왕린은 집에 손님이 찾아올 때마다 그 앞에 서서 자신이 쓴 글을 큰 목소리로 읽었다.

이 밖에도 엄마는 아들에게 거울 앞에 서서 큰소리로 글을 읽어 보라고 했다. 시간이 지나자 왕린은 또렷한 발음과 우렁찬 목소리로 엄마한테 글을 읽게 되었다. 엄마가 해주는 칭찬은 달콤하기 그지없었다. 왕린은 조금씩 사람들 앞에서 말을 잘하게 되었고 학교 강당에서 자신이 지은 시를 멋지게 낭송하기도 했다. 왕린은 말 더듬는 습관을 완전히 고치게 되었고, 고등학교를 졸업한 다음에는 유명 대학의 문학도가 되었다.

논리적인 사유가 뛰어난 사람이 있는가 하면 시적 상상을 잘하는 사람이 있고, 똑똑하지만 의지가 부족한 사람이 있는가 하면 재능은 부족하지만 끈기가 있는 사람도 있다. 아이들은 모두 잠재력을 지닌 존재이다. 부모가 아이의 장점을 인정하지 않으면 아이의 자존심에 상처를 준다. 아이의 장점을 인정해 줄 때 아이는 자신의 가치를 인정하고, 쑥쑥 자라날 '성장점'을 갖게 된다. 부모는 아이의 장점을 찾아내 객관적으로 그것을 평가하고, 아이가 성공의 기쁨을 맛볼 수 있도록 이끌어주어야 한다.

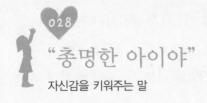

028

"총명한 아이야"

자신감을 키워주는 말

데일 카네기는 어린 시절 장난이 심한 아이였다. 카네기가 아홉 살이 되었을 때 카네기의 아버지는 새 아내를 맞게 되었다. 그는 새 아내에게 아들을 소개하며 이렇게 말했다.

"이 녀석은 마을에서 일아주는 장난꾸러기니까 조심하는 게 좋아. 내일 아침이 되기도 전에 당신한테 돌멩이를 던질지도 몰라. 정말 못 말리는 아이라니까." 하고 말했다.

그러자 그녀는 웃으면서 "겨울에는 나무를 패지 말라고 하는 말이 있잖아요. 어떤 농부가 겨울에 나무를 팼는데 이듬해 보니까 거기서 싹이 돋고 있더래요. 말라죽은 나무인 줄 알았는데 새 생명이 깃들어 있었던 거예요. 아이에게 미리 부정적인 결론을 내리지 마세요. 봄이 오면 다시 꽃이 필지도 모르잖아요? 내가 볼 때 이 아이는 활달하고 총명한 아이 같아요. 단지 자기 열정을 어디에 쏟아야 하는지 모를 뿐이죠." 하고 말했다.

그때까지 카네기를 그렇게 인정해 준 사람은 아무도 없었다. 모두 말썽꾸러기라고 부르기만 했던 것이다. 카네기는 새엄마의 말을 들은 이후 변화하기 시작했고, 자라서 훌륭한 저서가 되었다. 새엄마의 격려는 카네기가 '28가지 성공의 황금 법칙'을 만드는 데 큰 도움을 주었고, 그의 저서는 많은 사람들이 '성공과 부'를 향해 나가는 데 필요한 성공의 교과서가 되었다.

발명의 아버지로 불리는 토머스 에디슨은 어린 시절부터 호기심이 많았다. 하루는 하늘을 날고 싶다는 친구에게 풍선에 공기를 집어넣는 것과 마찬가지라면서 베이킹파우더를 잔뜩 먹였다. 친구는 배가 아프다며 데굴데굴 바닥을 굴렀다. 에디슨은 그 일로 크게 혼이 나고 퇴학을 당했다.

그러자 에디슨의 어머니는 교장을 찾아가 "우리 아이가 얼마나 총명한 줄 알아요? 이 아이는 말썽을 일으키려고 했던 게 아니라 호기심이 많았을 뿐이에요. 당신은 진정한 교육이 뭔지 모르는군요. 내가 직접 가르치는 게 낫겠어요." 하고 말했다.

그녀는 아이가 무엇이든지 궁금한 것은 실험해 볼 수 있
도록 배려했다. 그 결과 에디슨은 세계에서 가장 유명한 발
명가가 되었다. 알베르트 아인슈타인은 어린 시절 이상한
질문을 할 때가 많았다. 사람들은 엉뚱한 질문을 하는 그를
바보로 여겼다. 한 번은 교외로 나갔는데 아인슈타인은 혼
자서 해변에 앉아 멍하니 호수를 바라보고 있었다. "너희
아들은 왜 저렇게 앉아 호수만 쳐다보니? 정신적으로 무
슨 문제라도 있니?" 아인슈타인의 어머니는 이웃의 질문에
"우리 아이가 얼마나 총명한데 그래? 지금 멍청하게 앉아
있는 게 아니고 생각에 잠긴 기야. 우리 아이는 나중에 훌
륭한 대학교수가 될 거라고!" 하고 말했다. 이런 어머니의
믿음 덕분에 아인슈타인은 자신의 재능을 키워나갈 수 있
었다.

류샤팅은 엄마와 함께 수학 문제를 풀었다. 아이는 10 이
내 숫자에 대해서는 빠르고 정확하게 계산했지만 그 이상
의 숫자에는 익숙하지 못했다. 아이가 얼른 답을 찾지 못하
자 아이의 엄마는 "다시 한번 생각해 봐." 하고 말했다. 류

샤팅은 "진짜 못하겠어요. 난 바보인가 봐요." 하고 말했다. 아이의 엄마는 그 말을 듣고 깜짝 놀랐다. 아이가 그렇게 열등감을 가지고 있을 줄은 생각도 못 한 것이다. "아냐, 엄마는 네가 똑똑하다고 생각해." 류샤팅은 엄마와 함께 물건의 개수를 헤아리며 문제를 풀었다.

류샤팅의 엄마는 아이가 왜 그런 열등감을 가지게 되었는지 곰곰이 생각해 보았다. 그녀는 평소에 아이가 문제를 틀리면 금세 "이렇게 간단한 것도 못 하니? 왜 아직도 이해를 못 해?" 하고 야단을 쳤다. 아이가 스스로 정답을 찾을 때까지 기다려주지 못했던 것이다. 그뿐만 아니라 늘 권위적인 태도로 아이를 대하고, 아이가 자신의 기대를 만족시키지 못하면 무섭게 화를 냈다. 진심으로 아이의 눈높이에 맞춰주지 못한 것이다.

사람은 누구나 칭찬을 좋아하고, 비판을 싫어한다. 아이들은 더 많은 칭찬과 격려가 필요하다. 궁지에 몰렸을 때는 격려를 하고, 울상을 하고 있을 때는 애정 어린 말로 위로해주자. 아이가 회의에 빠지면 지혜로운 말을 들려주고, 열등감을 느끼면 장점을 찾아내 자신감을 키워줘야 한다.

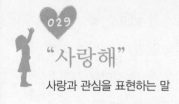

029

"사랑해"

사랑과 관심을 표현하는 말

아이들은 엄마 아빠의 애정 어린 표현을 간절히 바란다. 어린 시절뿐만 아니라 다 자라고 나서도 부모의 사랑을 확인하고 싶어 한다.

동양인들은 자신의 감정을 잘 표현하지 않고 가족 간 애정을 표현하는 데에도 익숙하지 못한 편이다. 이런 태도는 아이를 양육하는 데 아무런 도움이 되지 못한다. 애정 표현이 부족한 가정에서 자란 아이는 소극적이고 내성적인 성격이 되기 쉽다. 그런 성격은 자신을 적극 홍보하는 이 시대를 살아가는 데 불리하기만 한다. 그런데 "사랑한다."라고 말하는 것만으로도 아이를 외향적이고 활달한 성격이 되게 할 수 있다.

내성적인 성격 탓에 힘든 일을 자주 겪은 엄마가 자신의 아이만큼은 그렇게 되지 않게 하려고 결심했다. 이를 위해서 그녀는 틈만 나면 아이한테 사랑한다는 표현을 했다. "엄마가 누구를 제일 사랑할까?" 하고 물으면 아이는 "바로 나!"라고 신이 나서 대답했다. "우리 귀염둥이는 누구를 제일 사랑할까?" 하고 물으면 아이는 "엄마!" 하고 대답했다. 어려서부터 애정 표현이 넘치는 집안 분위기에서 자란 아이는 두 살 무렵이 되자 "모두가 나를 좋아해." 하고 말했다. 뿐만 아니라 친구들이나 자기보다 어린아이들을 돌봐 주기 위해 애를 쓰기도 했다.

아이가 유치원에 입학하면 부모들은 선생님을 찾아가 선물을 주면서 자신의 아이를 잘 봐 달라고 부탁한다. 그러나 이 아이의 엄마는 아이에 대한 믿음이 있었기 때문에 그런 일을 하지 않았다. 애정을 베풀 줄 아는 아이는 어디를 가나 사랑받는다고 확신한 것이다.

한 해 동안 선생님께 드린 선물이라고는 아이가 선생님께 드린 연하장밖에 없었다. 아이는 엄마의 도움을 받아 연하장에 삐뚤삐뚤한 글씨로 "선생님, 사랑해요."라고 썼다. 학기가 끝날 무렵 아이의 '성장기록표'에는 "이 아이는 우리

반의 자랑거리입니다. 말과 행동이 바르고 총명하며 공부도 잘합니다. 무슨 일에나 적극적이고 표현력이 뛰어나며 친구들과 우애 있게 지냅니다."라고 적혀 있었다. '너를 사랑한다.'는 말이 아이를 활달하고 적극적이며 사랑이 넘치는 사람으로 만든 것이다.

항상 우울하고 붙임성이 없으며 사람들 앞에서는 조용하기만 한 여자아이가 있었다. 아이의 엄마는 정신과 의사를 찾아가서 상담을 했다. 의사는 뜻밖에도 내성적인 엄마의 성격이 아이한테 영향을 준 것 같다고 했다. 지금부터라도 아이한테 사랑한다는 표현을 하는 것이 치료 방법이라는 것이다. 평생 감정을 드러내지 않고 살아온 아이 엄마는 '사랑한다.'는 말이 입에서 쉽게 나오지 않았다.

"애야, 내가 말을 하지 않아서 그렇지 사실은 너를 무척이나 사랑한단다." 마침내 용기를 내서 이렇게 말하자 아이의 두 눈에서 눈물이 흘렀다. 아이는 "엄마가 저를 사랑하는 줄 정말 몰랐어요. 저를 미워하는 줄 알았거든요." 하고 말했다.

사랑한다는 말은 아이와 부모 사이를 돈독하게 만든다.

많은 부모들이 사랑한다고 말하는 것을 낯간지러운 일로 여기고, 그런 말을 굳이 하지 않아도 아이가 자신의 마음을 알고 있으리라고 생각한다. 자식을 사랑하지 않는 부모가 어디 있겠느냐는 것이다. 하지만 아이들은 어리기 때문에 말로 표현하지 않은 사실에 대해서 알지 못한다. 근엄한 표정으로 야단을 치고, 잔소리를 하기만 하는 부모에 대해서는 더욱 그러하다.

사랑한다는 말은 아이가 잘못을 하거나 성적이 나쁘거나 다른 사람에게 무시를 당하는 일이 있더라도 부모님한테는 언제나 자신이 보물과 같은 존재라고 말해주는 것과 같다. 그런 믿음은 실패와 고난에 맞설 용기를 가지게 한다. 바깥 세상이 아무리 추워도 언제나 자신을 따뜻하게 맞아줄 부모의 품이 있는 것이다. 반대로 부모가 자신을 좋아하지 않는다고 느끼는 아이는 "아무도 날 사랑하지 않아."라고 생각하고 평생을 불행하게 지내게 된다.

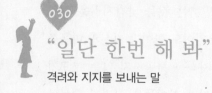

030

"일단 한번 해 봐"

격려와 지지를 보내는 말

수줍음 많은 여자아이가 있었다. 이 아이는 선생님의 질
문을 받기라도 하면 홍당무 얼굴이 돼서 기어들어가는 목
소리로 겨우 대답했다. 학예발표회가 열린다는 소식이 전
해지자 엄마는 딸에게 비중 있는 역할을 맡아보라고 했다.

아이는 "난 못해요." 하고 말했지만 엄마는 딸의 어깨를
다정하게 쓰다듬으며 잘할 수 있을 거라고 격려했다. "일단
한번 해 보렴. 엄마는 네가 잘할 수 있을 거라고 믿어. 엄마
가 집에서 연습을 도와줄게." 아이는 엄마의 말을 믿고 공
연에서 큰 역할을 맡았다. 공연을 성공적으로 마친 뒤 아이
는 이전보다 명랑하고 씩씩해졌다. 진심 어린 사랑과 아낌
없는 격려는 아이를 발전시키는 원동력이 된다.

페이페이는 소극적인 성격이어서 친구들과 잘 어울리지 못했다. 엄마는 딸의 손재주가 뛰어난 점을 이용해서 친구들과 친해질 수 있는 기회를 찾아보기로 했다. 그러던 중 교실 뒤에 걸린 옷걸이가 여러 개 망가진 걸 보게 되었다. 엄마는 그 고리들을 함께 고쳐보자고 얘기했다. "정말 그렇게 해도 돼요?" 아이의 말에 엄마는 "물론이지! 일단 한번 해 보자." 하고 말했다. 다음날 페이페이와 엄마는 아침 일찍 학교에 가서 그 고리들을 고쳤다. 선생님과 친구들은 고리가 고쳐진 것을 보고 모두 감탄하며 박수를 쳤다. 그 일을 계기로 페이페이는 교실을 꾸미는 일에 앞장서게 되었고, 적극적으로 친구들과 어울리게 되었다.

"일단 한번 해 봐!"라는 말은 아이가 재능을 발휘할 수 있는 기회를 만들어준다. 그렇다고 해서 밑도 끝도 없이 아이를 격려하기만 하라는 것은 아니다. 아이가 자신의 소질에 맞는 분야에서 재능을 발휘할 수 있도록 알맞은 목표를 세워야 한다. 칭찬은 아이가 잘한 만큼이면 충분하다. 또한 그 일을 계기로 새로운 목표를 가질 수 있게 도와야 칭찬을 받은 것만으로 자만에 빠지지 않게 된다.

아이가 새로운 일에 도전하는 일을 두려워한다면 그때야

말로 부모의 격려가 필요한 때이다. "한번 해 봐"라는 말은 결과가 좋든 나쁘든 간에 도전하는 것만으로도 가치가 있다는 것을 알게 해준다. 이렇게 말해주면 아이는 마음의 부담과 긴장을 덜 수 있다.

아이가 하고자 하는 일이 크게 위험하지 않은 것이라면 언제라도 "한번 해 봐" 하고 격려하는 게 좋다. 집안일을 돕는다든지 물건을 사 본다던지 자전거를 배우는 일 등이 그렇다. 때로는 아이 스스로 어떤 일을 하고 싶다고 말하지 않더라도 부모가 적당한 시기에 맞춰 새로운 일을 제시할 수도 있다. 혼자 잠을 자는 일이라든지, 친구한테 전화를 걸어 본다던지 마트에서 쇼핑한 뒤 돈을 지불하는 일 등을 권할 수 있다.

새로운 일을 해내면 경험이 풍부해지고 자신감을 얻게 된다. 부모는 결과가 어떤지에 대해 평가하지 말고 용기 있는 시도 자체를 칭찬해주어야 한다. 아이가 용기를 내서 새로운 일에 도전하고, 그 과정에서 자신감을 얻었다면 그것만으로도 충분하다. 주위에서 가르쳐주지 않아도 아이는 그 속에서 스스로 많은 교훈을 얻게 된다.

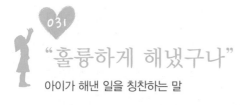

031

"훌륭하게 해냈구나"

아이가 해낸 일을 칭찬하는 말

러시아의 대표 작가 막심 고리키는 건강이 나빠져 이탈리아의 한 섬에서 휴양을 하게 됐다. 얼마 후 열 살짜리 아들이 아버지를 만나러 왔다. 이 아이는 워낙 개구쟁인지라 잠시도 가만히 있지 않고 온 섬을 헤집고 다녔다. 나중에는 사방으로 뛰어다니며 정원 안의 흙을 모두 파헤치며 놀았다. 고리키는 이맛살이 절로 찌푸려졌지만 아들을 자유롭게 놀게 하고 싶어서 아무 말도 하지 않았다.

이듬해 봄 고리키는 창문 앞에 예쁜 꽃이 핀 것을 발견했다. 막무가내로 장난만 치는 줄 알았던 아들이 아버지를 위해서 꽃씨를 심어 놓고 떠났던 것이다. 고리키는 감동을 받아 아들한테 장문의 편지를 썼다. "네가 떠난 자리에 아름다운 꽃이 폈구나. 참 훌륭한 일을 했다! 네가 멀리 있어도 이곳 사람들은 언제나 네가 심은 예쁜 꽃을 보게 될 테니 정말 멋진 일이다!"

고리키는 아들에게 자유롭게 놀 수 있는 공간을 주고, 그 속에서 자신만의 세계를 꿈꾸고 가꿀 수 있도록 해주었다. 그리고 아들이 훌륭한 일을 해낸 것을 발견했을 때는 칭찬을 아끼지 않았다. 그가 만약 아들이 정원을 헤집고 다닌다고 야단을 쳤다면 아름다운 꽃과 사랑이 듬뿍 담긴 편지는 두 사람 사이에 존재하지 않았을 것이다.

타고난 성격은 아이의 성장에 중요하다. 그러나 부모들은 종종 아이의 천성을 억누른다. 아이가 큰길로 가지 않고 좁은 길을 택한다고 야단을 친 적이 있는가? 아이들은 원래 편하게 갈 수 있는 길보다는 울퉁불퉁한 길로 가보고 싶어 한다. 아이가 물감을 여기저기 묻혔다고 인상을 쓰며 화를 내지는 않았는가? 아이들은 머릿속에 떠오르는 멋진 생각을 어떤 방해도 받지 않고 그림으로 그려 보고 싶어 한다.

무엇이든 아이들한테 가르쳐야 한다고 생각하는 것은 어른의 착각일 뿐이다. 아이들은 무한한 상상력과 창조력을 가지고 있다. 틀에 박힌 잣대로 아이들의 행동을 구속하면 아이들의 능력은 사라지고 만다. 어린 혼다 쇼이치로가 오토바이를 해체하는 것을 말렸다면 그는 혼다사의 신화를 창조하지 못했을 것이다.

큰비가 내리는데 길거리에서 물웅덩이를 밟으며 노는 아이가 있었다. 아이의 아빠는 그 일을 말리기는커녕 우산을 씌워주며 함께 놀아주고, 깊은 웅덩이도 밟아 보도록 격려했다. 아이의 아빠는 호기심과 즐거움으로 빛나는 아이의 마음을 소중하게 생각했고, 폭풍우 따위는 두려워하지 않도록 아이의 의지를 키워주었다.

아이를 키우는 데는 특별한 요령이 없고 칭찬을 자주 해주기만 하면 된다고 얘기하는 심리학자도 있다. 아이의 성장을 돕기 위해서는 아이들이 밥을 잘 먹거나 그림을 그리거나 자전거를 배울 때 진심 어린 칭찬을 해주는 것만으로 충분하다는 것이다. 때로는 아이의 실수로 난감한 상황이 벌어질 수도 있다. 그럴 때는 올바르게 지도하면서 아이가 자연스럽게 성장하도록 도와주면 된다.

032

"다시 한번 해 보렴"

실패를 격려하는 말

처음 걸음마를 배울 때 부모는 두 팔을 활짝 벌리고 서서 아이를 기다린다. 아이가 넘어지기라도 하면 "괜찮아, 다시 한번 해 보렴." 하고 격려한다. 아이는 용기를 내어 여러 차례 도전한 끝에 걸음마를 배우게 된다. 성장의 과정에서는 걸음마를 배울 때와 같은 일이 수없이 반복된다. 그럴 때마다 부모는 "한 번 더 해 보렴" 하고 아이를 격려해야 한다.

샤오화의 아빠는 높이뛰기 선수이다. 아빠는 밤마다 집 앞 공터에서 높이뛰기 연습을 했다. 매일 밤 샤오화가 그 뒤를 따르자 아빠는 아들한테 높이뛰기를 가르쳐 보기로 했다. 가로대의 위치가 높아질 때마다 샤오화는 그것을 무사히 뛰어넘질 못하고 부딪힐 때가 많았다. 그때마다 아빠는 "괜찮아, 다시 한번 해 봐!" 하고 말했다. 열두 살이 되자 샤오화는 자기 어깨높이의 가로대도 훌쩍 뛰어넘게 되었다.

종이접기를 좋아하는 여자아이가 있었다. 하루는 종이꽃을 접는데 좀처럼 모양이 잘 잡히지 않았다. 아이는 짜증이 났는지 종잇조각을 확 찢어버리려고 했다. 이 모습을 본 엄마는 "다시 한번 해 봐. 조금 전에 접은 것보다 더 잘 될 것 같은데?" 하고 말했다. 아이는 엄마 말을 듣고 다시 차분하게 종이꽃을 접었다. 엄마는 곁에서 "정말 종이접기를 잘하는구나! 너는 세상에서 가장 예쁜 종이꽃을 접을 거야!" 하고 말했다. 아이는 좀 더 공을 들여 종이를 접었고 만족할 만한 종이꽃을 여러 개 만들었다.

"다시 한번 해 봐."라는 말은 아이가 한 일을 긍정적으로 평가하고, 앞으로 더 잘할 수 있을 거라는 믿음을 전해준다. 이 말을 들은 아이는 무슨 일이든 의욕을 갖고 계속 노력해나갈 수 있다.

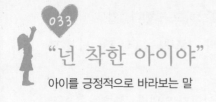

033

"넌 착한 아이야"

아이를 긍정적으로 바라보는 말

초등학교 4학년인 짐이 잔뜩 신이 나서 집으로 뛰어 들어왔다. 짐은 얼른 말하고 싶은 일이 있는 듯 주방에서 일하고 있는 엄마한테 다가가 까치발을 하고서는 귓가에 속삭였다.

"엄마, 저 오늘 선생님한테 칭찬받았어요!"

식사 준비를 하고 있던 엄마는 "그렇구나. 시험에서 1등을 했니?" 하고 물었다. 짐이 고개를 흔들자 "그럼 그림을 잘 그린 모양이구나." 하고 말했다. 짐은 이번에도 고개를 흔들더니 "수학 문제를 틀렸는데, 그걸 저 스스로 알아내서 다시 고쳤어요." 하고 말했다.

엄마는 이 말을 듣고 "잘했네. 넌 정말 착한 아이야!" 하고 말했다. 짐은 더욱 신이 나서 "난 착한 아이예요!" 하고 소리를 질렀다. "착한 아이야."라는 말은 아이가 가장 듣고 싶어 하는 칭찬이다. 이 말을 들은 아이는 부모에게 신뢰를 주기 위해 더욱 노력한다.

장난꾸러기 아이가 수업 시간에 선생님한테 질문을 받았다. 아이는 그 질문에 대답하다가 말고 갑자기 "선생님, 머리 스타일이 바뀌셨네요. 미용실에 다녀오셨어요? 그런데 일부러 앞머리로 눈을 가리신 건가요?" 하고 말했다. 아이들은 크게 웃기 시작했고 선생님은 난처한 얼굴이 되었다.

그날 반 친구가 수업 시간에 있었던 일을 아이 아빠한테 일러주었다. 아이는 집으로 돌아오자마자 자기 방에 들어가서 한참 동안 나오지 않았다. 아빠는 아이를 불러놓고 무슨 일이 있었는지 물어보았다. "친구들이 저를 나쁜 아이래요. 수업 시간에 선생님 머리를 가지고 이러쿵저러쿵하면 안 된대요." 아빠는 "수업 시간에 배우는 것과 관계없는 말은 하지 않는 게 좋지. 이제라도 잘못을 깨달았다면 그걸로 됐어. 너는 착한 아이거든." 하고 말했다. 야단을 들을 줄 알았던 아이는 자신을 착한 아이라고 믿어주는 아빠한테 더 미안한 마음이 들었다. 그 이후로 아이는 수업 시간에 엉뚱한 소리를 하지 않고 열심히 공부하게 되었다.

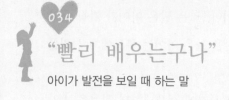

034

"빨리 배우는구나"

아이가 발전을 보일 때 하는 말

열네 살 소년 장리앙은 영화 속 인물의 대사를 따라 하는 것을 좋아했다. 대사만 따라 하는 것이 아니라 배우의 표정과 몸짓을 흉내 내기도 했다. 하루는 아버지가 장리앙이 자기 방에서 혼잣말을 하는 것을 발견하고 그 모습을 지켜보게 되었다. 아이는 득의양양한 표정을 짓더니 갑자기 무표정한 얼굴로 바뀌었다. 그러더니 계속 갖가지 표정을 짓고 손발을 움직여가면서 영화 속 인물을 따라 하는 것이었다. 처음에는 좀 우습기도 했지만 가만히 지켜보고 있으니 진짜 배우가 연기하는 것처럼 보였다. 아버지는 아이가 자신의 놀이를 끝내기를 기다렸다가 "애야, 넌 정말 빨리 배우는구나!" 하고 칭찬했다.

미국의 심리학자 오수벨은 칭찬 듣기를 바라는 욕구에 대해서 일찍이 지적했다. 아이들은 늘 칭찬에 대한 욕구를 가지고 있고, 그것을 통해 인정받는다고 느낀다는 것이다. 아이는 어른보다 독립심이 부족하기 때문에 주위의 칭찬과 인정에 비추어서 자신의 위치를 확립한다. 오수벨은 아이가 칭찬을 받기 위해서 배운다고 주장했다.

"빨리 배우는구나."라는 말은 아이가 무언가를 배울 때 겪을 수 있는 수많은 장애를 극복하게 만든다. 아이들은 누구나 자신만의 잠재력을 가지고 있다. 아이들은 연약한 몸으로 거인의 세상을 살아가는 존재와 같다. "빨리 배운다."는 말은 아이들의 창조성을 키워준다.

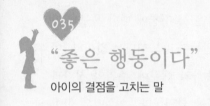

"좋은 행동이다"

아이의 결점을 고치는 말

사람들이 싫어하는 일만 골라서 하는 말썽쟁이 아이가 있었다. 아이의 부모는 야단을 치는 대신 아이를 칭찬하기로 결심했다. 아이가 나쁜 행동을 할 때도 있었기 때문에 매일 화를 내는 내신 칭찬을 하는 게 쉽지만은 않았다.

부부는 사소한 일이라도 놓치지 않고 아이를 칭찬하기 위해 노력했다. 시간이 지나자 아이는 부모가 칭찬하는 말 대로 행동하기 시작했고, 다른 사람에게 피해가 가는 일은 스스로 삼갔다. 부모는 정말로 아이를 야단칠 필요가 없게 되었고, 아이는 믿기 어려울 만큼 얌전해졌다.

소련의 심리학자는 학급에서 가장 성적이 나쁘고 못생겼다고 여겨지는 아이에게 자신감을 심어주기 위한 실험을 했다. 반 아이들에게 그 친구가 가장 예쁘고 똑똑하다고 생각하고, 칭찬하라고 주문한 것이다. 1년이 지난 뒤 그 아이는 반에서 1등을 했고, 보는 사람을 설레게 할 정도로 매력적인 얼굴이 되었다. 칭찬은 기적처럼 아이의 잠재력을 일깨웠고 숨겨진 아름다움을 이끌어냈다.

게으른 남자아이가 있었다. 이 아이는 삼일에 이틀은 지각을 했고, 귀찮은 나머지 글씨도 대충 휘갈겨 썼다. 선생님이 여러 번 아이를 불러서 타일렀지만 달라지는 점이 없었다. 아이의 부모는 아침마다 자동차로 아이를 학교에 데려다주어야만 했다.

이 아이는 활달한 성격이라 바깥 활동은 열심히 참여했다. 하루는 학교에서 자연보호를 위한 걷기 행사가 열렸다. 정해진 거리를 완주하면서 자연보호 홍보 활동을 하는 일이었다. 아이는 이 행사에서 두각을 나타내 표창장을 받게되었다. 아이의 아버지는 "그렇게 먼 길을 씩씩하게 걸었다니 잘했구나. 아침에 일찍 일어나서 등교하는 것쯤은 쉬운일이겠는데? 내일부터 아빠랑 같이 학교까지 걸어가 보는게 어떻겠니? 누가 잘 걷는지 겨뤄 보자." 하고 말했다. 아이는 자신 있는 표정을 지어 보였다.

다음날부터 모든 상황이 바뀌었다. 아이는 한 번도 지각을 하지 않았을 뿐만 아니라 아버지보다 일찍 일어날 때도 있었다. 그때마다 아버지는 엄지손가락을 치켜세우며 "좋은 행동이구나!" 하고 칭찬했다.

일찍이 청나라 학자 안원은 "아이의 열 가지 잘못을 세는 것은 한 가지 장점을 칭찬하는 것만 못하다."라고 말했다. 주변 사람이 무심코 던진 칭찬 한마디나 가벼운 애정 표현, 정이 듬뿍 담긴 눈빛, 은근한 암시 등이 아이의 마음에 잊을 수 없는 기억으로 남아서 잔물결을 일으킨다. 자신의 마음으로 아이의 마음을 읽고, 따뜻한 감정으로 아이를 감싸는 것은 부모로서 가장 먼저 해야 할 일이다.

엄격한 잣대를 내려놓고 아이에게 미소를 보이자. 질책하는 말 대신 너그러운 마음을 가지자. 악의적으로 내뱉는 말 대신 칭찬을 하자. 그러면 아이는 긍정적이고 진취적인 자세로 자유롭게 행동하며 생기가 넘치게 될 것이다.

"두려워하지 마"

용기를 주는 말

링컨은 가난한 농사꾼의 집안에서 태어나 제대로 된 교육을 받지 못했다. 어린 시절부터 농장을 떠돌면서 힘든 일을 해야 했고, 종이와 펜을 살 돈이 없어서 나무판에 목탄으로 글씨를 쓰며 공부를 했다.

링컨의 어머니는 일찍 세상을 떠났지만 어린 시절부터 아들을 강하게 키우기 위해 노력했다. 그녀는 세 살짜리 아들이 혼자 계단을 올라가다 넘어지면 그 자리에 서서 가만히 지켜보기만 했다. 아이가 도와 달라는 눈빛으로 쳐다보면 "괜찮아, 두려워하지 마!" 하고 말하기만 했다.

엄마가 안아줄 거라고 생각했던 아이는 다시 혼자 힘으로 계단을 조심스럽게 올라갔다. 아이가 계단을 다 올라가자 어머니는 그제야 다가가 옷에 묻은 흙을 털어주며 입맞춤을 해주었다. 어머니의 이런 교육 방식은 링컨이 자라서 용감하고 꿋꿋하게 나아갈 수 있는 바탕이 되었다.

링컨은 어려운 가정 형편에도 포기하지 않고 열심히 공부해서 변호사가 되었다. 29살에 정치에 입문한 그는 열한 번의 도전 중에 아홉 번이나 의원으로 선출되지 못했다. 그럼에도 좌절하지 않고 도전한 끝에 쉰한 살이 되던 해 마침내 대통령으로 당선되었다. 그는 남북전쟁을 승리로 이끌고 노예해방을 선언하는 훌륭한 업적을 남겼다.

사람의 인생에는 여러 방향의 계단이 무수히 놓여 있다. 부모가 아이를 안아서 계단 위로 올려주면 아이는 평생 부모 품을 벗어나지 못하게 된다. 세상살이의 어려움과 고통을 직접 겪지 않으면 혼자 힘으로 사회에 발을 붙이기 어렵다. 아이를 위해서라면 스스로 어려움을 헤쳐나갈 기회를 주어야 한다.

"괜찮아, 두려워하지 마."라는 말은 실패를 해도 괜찮다고 얘기하는 것과 같다. 이 말을 들은 아이는 용감하게 자신에게 닥친 일에 맞설 수 있다. 아이가 자신감을 가지길 원한다면 겁을 주거나 주의를 주기에 앞서 두려워 말라고 용기를 줘야 한다.

037

"네가 하고 싶은 대로 하렴"

아이를 지지하는 말

미국 소설가 어니스트 헤밍웨이의 아버지는 의사이면서도 사냥과 낚시를 즐기고, 열정적으로 자연을 연구하는 사람이었다. 아버지의 이런 성향은 헤밍웨이에게 큰 영향을 미쳤다. 그는 아들의 성장과 장래에 관심이 많아서 따로 시간을 들여 자녀 교육에 대해 공부하기도 했다.

헤밍웨이의 아버지는 엄격한 틀을 가지면서도 상황에 맞게 교육방식을 바꾸었다. 헤밍웨이 가족은 미시간 호수 아래 참나무 숲이 우거진 마을에 살고 있었다. 헤밍웨이는 어린 시절부터 바깥에서 마음껏 뛰어놀며 대자연이 주는 영감을 느끼며 자랐다.

헤밍웨이의 아버지는 왕진을 다니거나 사냥이나 낚시를 하러 갈 때 어린 아들을 데리고 다녔다. 헤밍웨이는 무성한 숲이나 콸콸 흐르는 강을 건너다니면서 체력을 다지고 의지를 키워갔다. 어린 헤밍웨이는 자신의 눈 앞에 펼쳐지는 모든 일이 신기하고 흥미롭기만 했다.

헤밍웨이가 네 살이 되자 그의 아버지는 아들의 독립심을 키워줄 때가 되었다고 생각했다. 자신의 뒤를 쫓아다니는 아들을 떼어놓기로 한 것이다. 헤밍웨이는 아버지의 갑작스러운 태도 변화에 당황스러워하며 자신이 잘못한 일이 있는지 물었다. "애야, 넌 아무 잘못이 없단다. 이제부터는 네가 하고 싶은 대로 하길 바랄 뿐이야. 아버지 뒤를 그만 쫓아다니고 네 스스로 가치 있다고 생각하는 일을 하렴!" 아버지의 말을 듣고 헤밍웨이는 혼자 숲이나 물가에 나가 놀기 시작했다. 아버지는 끊임없이 아들을 지도하고 격려했다. 헤밍웨이는 낚시와 사냥을 즐기고 자연을 탐구하며 성장했다. 아버지가 심어준 독립심과 탐구심은 헤밍웨이 인생의 큰 자산이 되었다.

사람의 성격과 습관은 어린 시절부터 뿌리내린 것이 대부분이다. 의존적인 성격은 부모가 오래전부터 독립심을 갖도록 교육하지 못했기 때문에 형성된 것이다.

038

"최선을 다해라"

꿈을 이루게 하는 말

　어떤 선생님이 아이들에게 '미래의 꿈'에 대한 작문 숙제를 냈다. 그 결과 우수한 작문을 두 개 고를 수 있었다. 하나는 성적은 좀 떨어지지만 성격이 좋은 샤오밍의 글이고, 다른 하나는 소아마비를 앓은 적이 있는 왕단의 글이었다.

　샤오밍은 이런 작문을 했다. "우리 아빠는 구두 수선공이었는데 내가 어릴 때 돌아가셨다. 나는 아빠에 대한 기억이 별로 없다. 아빠는 손재주가 뛰어났고, 최고의 구두 수선공이 될 거라는 말을 입에 달고 사셨다고 한다. 내가 태어났을 때 아빠는 내가 훌륭한 구두 수선공이 되길 바라셨다고 한다. 나는 그 일에 최선을 다하겠다."

　왕단의 작문 내용은 다음과 같았다. "나는 건강이 썩 좋지 못하다. 남들이 하는 일을 잘할 수 없다. 다행히 친척 중 재봉사로 일하는 분이 계시다. 지금은 솜씨가 별로지만 최선을 다해 배우면 멋진 옷을 만들 수 있을 것 같다. 나는 반드시 훌륭한 재봉사가 될 것이다."

졸업식 날 선생님은 아이들을 불러 이렇게 말했다. "너희는 최선을 다하기로 마음먹고 자신의 목표를 향해 출발했다. 최선을 다하는 것은 생각보다 고달픈 일이다. 어떤 어려움이 있더라도 꿈을 잃지 마라."

가족들도 두 아이가 정한 미래의 꿈에 응원의 박수를 쳐 주었다. "최선을 다해라."는 말은 아이가 꿈을 이룰 수 있게 한다.

039

"남보다 모자라지 않아"

아이의 열등감을 씻어주는 말

지앙지앙은 교칙을 어기거나 장난을 칠 때가 많았다. 한 번은 쥐를 가방에 넣고 학교에 가서 한바탕 소동을 일으켰다. 지앙지앙은 그 일로 벌을 받았지만 이후에도 새나 강아지를 가방에 넣어서 학교로 갔다. 장난치는 데만 열중하다 보니 학교 성적이 좋을 리가 없었다. 마침내 지앙지앙의 부모는 아들을 할아버지한테 보내기로 했다.

지앙지앙의 할아버지는 농아학교의 교장으로 일하고 계셨다. 지앙지앙은 수화를 배워서 친구들과 재미있게 놀았다. 하루는 숲으로 소풍을 나갔다. 할아버지가 "숲에는 어떤 동물이 살까?" 하고 묻자 아이들이 모두 동물의 이름을 맞추며 철자를 종이에 썼다. 할아버지가 나무 이름을 묻자 이번에도 다른 아이들은 경쟁이라도 하듯 서로 그 철자법을 맞췄다. 지앙지앙은 혼자 그 모습을 멍하니 바라보고만 있어야 했다. 할아버지는 지앙지앙을 조용히 불러서 말했다. "너는 왜 남들이 아는 단어를 모르니?" 지앙지앙은 고개를 숙이고 아무 말도 하지 못했다.

그날 이후 지앙지앙은 할아버지와 함께 교과서에 나오는 단어를 익히기 시작했고, 다른 어려운 낱말에 대해서도 공부했다. 할아버지는 손자가 조금씩 발전하는 모습을 보일 때마다 아낌없이 칭찬을 해주었다. "우리 손자가 남들보다 조금도 모자라지 않는구나!" 지앙지앙은 일 년 동안 할아버지와 함께 열심히 공부한 뒤 부모님 곁으로 돌아왔다.

그해 마을에는 비가 많이 내리지 않아 물레방아가 잘 돌아가지 않았다. 마을 사람들이 힘을 합해 물레방아를 돌려보았지만 역부족이었다. 지앙지앙은 서재로 달려가 열심히 연구한 끝에 기막힌 개조 방법을 찾아냈다. 지앙지앙의 의견대로 물레방아를 개조하자 물의 양이 부족한데도 물레방아가 잘 돌아갔다. 이 일을 계기로 지앙지앙은 과학에 흥미를 가지게 되었고, 열심히 공부한 끝에 우등생이 되었다.

어떤 부모들은 아이가 똑똑하지 않다고 생각되면 금세 실망한다. 그런 감정은 아이한테 고스란히 전염된다. 아이는 시간이 지날수록 자신감을 잃고 생각이 굳어지며 반응 속도도 느려진다. 모든 아이가 천재일 수는 없다. 그뿐만 아니라 천재성을 가진 아이라도 어떤 상황에서는 평범한 아이처럼 보인다. 아이가 다른 아이보다 부족한 점이 있다고 생각될 때 총명한 부모는 이렇게 말한다.

"너는 다른 사람보다 모자라지 않아!"

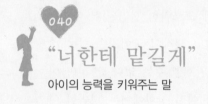

040

"너한테 맡길게"

아이의 능력을 키워주는 말

라이트 형제는 어린 시절부터 함께 머리를 맞대고 여러 가지 놀이를 하고 발명을 하기도 했다. 하루는 목수 일을 하는 아버지가 남겨 놓은 나무 조각을 가지고 놀다가 "엄마, 이 나무들을 어떻게 쌓아볼까요?" 하고 물었다. 라이트 형제의 엄마는 "그 일은 너희한테 맡길게. 분명 멋지게 쌓을 수 있을 거야." 하고 말했다. 잠시 뒤 두 아이는 나무 조각을 쌓아서 멋진 집을 완성했다.

두 아이는 직접 만든 썰매를 가지고 동네 친구들과 시합을 벌이기도 했다. 처음에는 모두 형제가 만든 썰매 모양이 이상하다고 비웃었다. 그 썰매는 작은 형태로 엎드려서 타도록 만든 것이었다. 시합이 열리자 이 썰매는 부피가 작은 덕분에 빨리 달려서 다른 아이들을 모두 앞질렀다.

형제가 아홉 살, 열한 살이 되었을 때 아버지는 프로펠러 장난감을 사주었다. 중간에 걸려 있는 고무줄을 팽팽하게 당기면 위쪽에 붙어 있는 프로펠러가 뱅글뱅글 돌면서 하늘을 나는 장난감이었다. 두 아이는 그 장난감의 매력에 푹 빠졌다. "이걸 크게 만들면 우리를 태우고 하늘을 날 수 있지 않을까?"

두 아이는 풀밭에 누워 하늘을 나는 솔개를 부러운 듯 바라봤다. "사람한테도 날개가 있다면 얼마나 좋을까? 푸른 하늘을 날아다닌다면 정말 행복할 텐데!" 다른 사람들은 이런 생각을 허무맹랑하게 여겼지만 어머니는 그들을 격려해 주었다. "세상에는 상상도 하지 못한 일들이 수없이 일어난단다. 사람이 하늘을 나는 일도 가능한 일일 거야! 그 꿈을 이루는 것은 너희한테 맡길게." 결국 두 사람은 어른이 되어서 진짜로 비행기를 만들어 하늘을 날았다. 인류가 오랜 세월 동안 꿈꿔왔던 일이 두 사람의 손에 의해 이루어진 것이다. 그 꿈이 이루어지는 데에는 어머니의 믿음과 격려가 큰 역할을 했다.

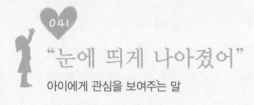

041

"눈에 띄게 나아졌어"

아이에게 관심을 보여주는 말

아인슈타인이 올바르게 성장할 수 있었던 것은 학교 교육에 적응하지 못한 점을 가정에서 잘 보완해준 덕분이다. 아인슈타인은 여러 과목에 낙제를 했고, 학교 선생님은 아이의 장래가 어둡다고 단정 지었다. 이런 견해는 아이의 마음에 열등감과 상처를 심어줄 수 있다. 그러나 민주적이고 관대한 가정 분위기는 아인슈타인의 마음을 잘 달래주었다. 아인슈타인의 아버지는 선생님을 만날 때마다 아이에 대한 냉혹한 평가를 들어야 했지만 아무런 내색을 하지 않았다.

한 번은 의자를 만들어오라는 숙제가 있었다. 아인슈타인은 열심히 의자를 만들었지만 그리 좋은 결과를 얻지 못했다. 아버지는 나쁜 평가를 하지 않고 "하나 더 만들어보면 어떨까? 이번 것보다 훨씬 잘 만들 수 있을 거야." 하고 말했다. 아인슈타인이 다시 의자를 완성하자 아버지는 "눈에 띄게 나아졌구나!" 하고 칭찬해주었다.

그러나 학교 선생님은 아인슈타인이 제출한 과제가 반에서 가장 못 만든 의자라고 핀잔을 주었다. 아인슈타인은 선생님의 말에 아랑곳하지 않고 자신이 만든 첫 번째 의자를 보여주면서 "이것보다는 훨씬 잘 만든 의자예요." 하고 말했다. 선생님의 핀잔에도 당당히 자신을 변호할 용기를 가지고 있었던 것이다. 아인슈타인은 훗날 상대성이론을 발견해 노벨물리학상을 받았다. 그는 언제나 차분한 목소리로 자신의 의견을 펼치면서도 유머 감각과 재치를 잃지 않았다.

아이의 성적이 기대에 미치지 못할 때 큰소리로 야단부터 치는 부모가 많다. 선생님한테 아이에 대한 나쁜 평이라도 듣게 되면 대부분의 부모가 집으로 돌아오자마자 아이를 앞에 불러 앉힌다. 그러나 아인슈타인의 아버지는 다른 무엇보다 아이의 영혼이 상처받지 않도록 주의를 기울였다. 그런 부모의 보호가 없었다면 아인슈타인은 일괄적인 교육제도와 선생님의 멸시 속에 창조적인 생각의 싹을 키우지 못했을 것이다.

어린 시절은 심성과 지능이 성장하는 시기이다. 어린 시절 받는 가정교육은 모든 교육의 출발점이 된다. 어려서부터 부모가 너그러운 마음으로 아이를 대하고 수용하는 자세를 가질 때 훌륭한 교육의 결실을 맺을 수 있다.

042

"다른 사람을 따라하지 않아도 돼"

아이의 자주성을 키워주는 말

두두의 아버지는 가난한 집에서 태어나 혼자 힘으로 작은 잡화점을 열고 생계를 꾸려나갔다. 그는 가정교육을 엄하게 했다. 딸이 어릴 때부터 집안일을 돕게 했고, 열 살 무렵부터 잡화점에서 점원으로 일하게 했다. 독립심을 키워주기 위해 아이 능력으로 해낼 수 있는 일만 맡겼고, 그 대신 "난 못해요. 너무 어려워요" 같은 말은 용납하지 않았다.

두두는 학교에 입학한 뒤 놀라운 사실을 깨달았다. 또래 친구들이 훨씬 자유롭고 풍족하게 생활한다는 것이었다. 두두는 다른 친구들처럼 자유롭게 거리를 돌아다니거나 게임을 하고 자전거를 타고 싶었다.

두두는 용기를 내서 말했다.

"아빠 저도 친구들처럼 마음대로 놀고 싶어요."

아버지는 경직된 표정으로 이렇게 대답했다.

"항상 네 주관이 있어야 한다. 친구들이 하는 행동을 무턱대고 따라 할 필요는 없단다. 각자가 다른 형편에 맞는 목표를 가지고 살아간단다. 너는 네가 계획한 일을 하면 돼."

두두의 아버지는 자기 생각이 있어야 꿈을 이룰 수 있다고 가르쳤다. 다른 사람이 하는 대로 따라 하는 것은 자신의 개성을 평범한 사람 속에 파묻어 버리는 일과 같다는 것이다. 두두는 친구들처럼 놀러 다니는 대신 할 일을 마친 뒤 새로 사온 책을 읽기로 했다.

두두의 학교에서는 유명 인사를 초청해 강연을 열 때가 많았다. 두두는 강연이 끝날 때마다 호기심 어린 눈빛으로 서슴지 않고 자리에서 일어나 질문을 했다. 다른 사람들 앞에 나서는 것이 부끄러워 질문을 하지 않는 다른 여학생들과는 대조적이었다. 아버지의 확고한 교육관과 따뜻한 격려 속에 두두는 자신의 개성을 키워가며 여러 방면에서 두각을 나타냈다.

043

"더 빨리 해낼 수 있어"

아이의 민첩성을 길러주는 말

무슨 일이든 꾸물대는 아이 때문에 속을 끓이는 부모가 많다. 놀이를 하거나 옷을 입거나 밥을 먹을 때 항상 다른 아이보다 행동이 느리고 시간이 더 걸린다. 잔소리를 해도 소용없고 큰소리로 재촉하면 조금 나아지긴 하지만 그때뿐이다.

유아기는 신체가 골고루 발달하는 시기이다. 이 시기의 손발의 움직임은 두뇌 발달에도 영향을 미친다. 행동이 느린 아이는 여러 동작이 서로 조화를 이루지 못하는 경우가 많다. 학교에 입학한 뒤에도 이런 습관이 반복되면 공부를 하거나 휴식을 취하거나 놀 때에도 지장을 받는다. 항상 남보다 뒤처지면 아이도 스트레스를 받기 마련이다.

그런데 동작이 느리다는 것은 상대적인 경우가 많다. 대개 어른들은 아이가 자신의 요구에 재빠른 반응을 보이지 않으면 굼뜨다고 생각한다. 성격이 급한 엄마는 잠시도 아이를 기다려주지 못한다.

아이의 동작을 민첩하게 만들고 싶다면 놀이를 해보는 것도 좋다. 누가 빨리 옷을 입는지 내기를 하는 것 같은 간단한 놀이를 통해 민첩성을 기를 수 있다. 이런 놀이를 할 때는 적절한 상을 준비하고, "더 빨리 해낼 수 있어!" 하고 격려하는 것이 좋다.

또 '기록표'를 만들어서 아이가 자기 자신과 경쟁하도록 만드는 것도 좋다. 날마다 어떤 일을 얼마 만에 끝냈는지 기록하고, 그에 맞게 상을 주는 것이다. 비교적 쉽고 간단한 일부터 복잡하고 어려운 일을 해 볼 수 있도록 이끄는 게 좋다. 아이는 여러 번 같은 일을 반복하면서 불필요한 동작을 줄이고, 빠르게 일을 마칠 수 있는 방법을 터득할 수 있다.

초를 숫자로 세면서 아이가 정해진 시간 안에 일을 마치도록 지도하는 것도 좋은 방법이다. 아이는 주어진 시간 안에 일을 끝내기 위해 최선을 다할 것이다. 만약 아이가 정해진 시간 내에 일을 마치지 못할 것 같으면 조금 느리게 숫자를 셀 수 있다. 그러면서 조금만 더 애쓰면 정해진 시간 내에 일을 마칠 수 있을 것이라고 격려하는 것이다. 아이의 행동이 너무 굼뜨다면 조금 빨리 숫자를 세어서 시간을 촉박하게 느끼게 한다. 요령껏 숫자를 세어서 아이가 정해진 시간 안에 일을 마치게 하면 큰 성취감을 느끼게 할 수 있다.

만약 이런 방법이 효과가 없다면 좀 더 엄격하게 대할 수도 있다. 정해진 시간 안에 할 일을 마치지 못하면 그 상태대로 동작을 멈추게 하는 것이다. 이런 일이 여러 번 반복되면 아이는 정해진 시간 안에 일을 마치기 위해 최선을 다하게 될 것이다. 다만 잊지 말아야 할 것은 어떤 방법을 택하든지 간에 "더 빨리 해낼 수 있을 거야!" 하고 격려해야 한다.

044

"이길 수 있어"

목표를 향해 달려가게 하는 말

세계적인 배우 소피아 로렌은 로마의 작은 시골 마을에서 미혼모의 딸로 태어났다. 로렌과 그녀의 어머니는 지독한 가난에 시달렸고, 사람들의 멸시를 받았다. 그녀의 어머니는 식당에서 피아노 연주를 한 돈으로 생계를 이어가면서 딸을 훌륭한 피아니스트로 키우겠다고 결심했다. 그러나 피아노를 배우기 위해서는 많은 돈이 필요했다. 로렌의 어머니는 실망하지 않고 다른 기회를 찾아보기 시작했다.

로렌은 어머니의 권유로 미인 대회에 나가게 되었다. "제가 그런 대회에 나가서 상을 받을 수 있을까요? 대회에 나갈 때 입을 드레스 한 벌도 없는걸요." 로렌의 말에 어머니는 "넌 반드시 우승할 거야. 그리고 드레스를 마련할 방법은 내가 찾아보마." 하고 말했다. 그녀는 분홍색 커튼과 여러 가지 천 조각을 모아서 드레스를 완성했다. 드레스를 입은 로렌의 모습은 무척 아름다웠다. 그러나 두 사람은 이내 새로운 근심에 빠졌다. 드레스에 어울리는 구두가 없었던 것이다. 제대로 된 구두라고는 어머니가 피아노 연주를 할 때 신는 검은색 가죽 구두밖에 없었다. 로렌의 어머니는 흰색 페인트를 가져와서 한 켤레밖에 없는 구두에 과감하게 붓으로 칠했다. 완성된 흰색 구두는 분홍색 드레스와 잘 어울렸다.

로렌이 미인대회서 당당히 입상하자 로렌의 어머니는 딸을 배우로 키우기로 결심했다. 그녀는 어려운 형편에도 딸을 대학에 보내 연기를 배우게 했고, 미국의 영화 제작팀이 로마에 온다는 소식을 들었을 때는 직접 딸을 데리고 가서 오디션을 보게 했다. 로렌은 영화 제작자들의 눈에 띄어 배우의 길을 걷게 되었고 마침내 큰 성공을 거두었다.

부모의 격려는 다른 무엇보다 소중한 교육이 될 수 있다. 로렌의 어머니는 희망을 잃지 않고 아이를 격려하고 지지한 끝에 굶주림과 추위에 떨던 가난한 소녀를 세계적인 영화배우로 만들었다. 로렌은 자신의 어머니를 추억하며 "우리는 어린아이한테 엄마가 얼마나 절실한지 잊어서는 안 된다."고 말했다. 부모가 아이의 미래를 결정하는 것은 아니지만 아이가 꿈을 향해 나아가도록 도울 수 있다. 성공과 실패를 떠나서 아이들은 언제나 부모의 격려와 지지를 필요로 한다.

045
"리더십이 있구나"
아이의 통솔력을 인정하는 말

왕융은 열등반에서도 가장 앞장서서 장난을 치는 말썽꾸러기였다. 담임선생님은 언제나 아이들을 야단치고 멸시하는 말을 내뱉기도 했다. 아이들은 여기에 대한 반발심으로 더 심한 장난을 치고 선생님을 놀리기까지 했다. 담임선생님의 목에는 커다란 혹이 나 있었는데 아이들은 이것을 가지고 '선생님은 혹부리'라고 불렀다. 자신의 별명을 알게 된 선생님은 너무 화가 나서 그날로 담임을 그만두었다.

새로 온 담임선생님은 나약하고 몸집이 왜소한 남자 선생님이었다. 이 선생님은 아이들이 심한 장난을 쳐도 그다지 화를 내지 않았다. 왕융과 반 아이들은 새로 온 담임선생님을 무시하고 제멋대로 굴었다. 그런데 왕융은 담임선생님이 아이들의 말썽을 그냥 넘긴 게 아니라 하나씩 다 관찰하고 있었다는 것을 알게 되었다. 교무실 책상 위에서 선생님의 수첩을 우연히 보게 된 것이다. 거기에는 자신이 언제 무슨 짓을 했는지가 몇 페이지에 걸쳐 조목조목 적혀 있었다. 왕융은 선생님이 자신을 불러 그 수첩을 내밀면서 혼을 낼 거라고 생각했다. 그런데 그보다 더 두려운 일이 벌어졌다. 별안간 선생님이 가정 방문을 하겠다고 한 것이다.

선생님이 방문하기로 한 날 왕융은 일부러 밖에서 늦은 시각까지 떠돌다가 집으로 돌아갔다. 문을 열자마자 아버지한테 벼락이 떨어질 것을 각오하고 있었다. 그런데 뜻밖에도 아버지는 미소를 가득 머금은 얼굴로 아들을 맞았다. 왕융은 선생님이 집에 들르지 않은 걸로 여기고 한숨을 내쉬었다. 그때 아버지가 뜻밖의 말을 했다.

"선생님이 칭찬을 많이 하시더구나. 네가 리더십이 있어서 반 아이들을 잘 이끈다고 하시던데?" 왕융은 그 말을 믿을 수가 없었다. 나쁜 행동만 한 것 같은데도 선생님은 그속에서 자신의 장점을 봐주었던 것이다. 이제까지 선생님을 무시하고 장난을 치기만 했던 자신이 부끄러웠다. 그날 이후 왕융은 장난도 덜 치고 앞장서서 학급 규율을 지켜나 갔다. 덕분에 열등반의 학습 분위기는 나날이 좋아졌다.

"최고야"

아이의 장점을 평가하는 말

똑똑한 아이는 뭐든지 잘하고, 뒤처지는 아이는 뭐든지 못하는 것처럼 보인다. 어떤 아이든지 꿈을 가질 수 있게 하는 것이 교육의 핵심이다. 이를 위해서는 첫 번째로 인성 교육이 잘 되어야 하고, 아이들이 각자 자부심을 갖도록 해야 한다.

한 아이가 화장실에서 우연히 교장 선생님을 만났다. 교장 선생님은 아이의 이름을 부르며 작문 실력이 뛰어나다고 칭찬해 주었다. '그 많은 전교생 중에서 어떻게 내 이름을 아셨을까? 교장 선생님이 기억하실 만큼 내 작문 실력이 뛰어난가 봐!' 이렇게 생각한 아이는 큰 자신감을 얻었고, 훗날 유명한 작가가 되었다.

옌옌이 기말고사에서 낙제하자 아빠는 딸의 시험지를 들고 와서 틀린 문제를 하나하나 다시 풀어주었다. "이제 어떻게 문제를 푸는지 알겠니?" 아빠의 질문에 옌옌은 자신 있게 "그럼요!" 하고 말했다. 옌옌의 아빠는 "최고야, 우리 딸! 다음에는 잘할 수 있을 거야." 하고 말했다.

며칠 뒤 옌옌은 작문 숙제를 하느라 낑낑댔다. 놀이도구에 대한 과제였는데 구체적인 도구의 명칭과 놀이 방법, 놀이 효과를 써내야 했다. 옌옌의 아빠는 딸이 쓴 글을 읽은 뒤 크게 칭찬한 다음 다시 한번 써보라고 했다. 옌옌은 자신감을 가지고 최선을 다해 숙제를 완성했다. 옌옌의 아빠는 이런 방식으로 항상 딸을 응원했다.

한 학기가 지나자 옌옌의 성적은 크게 올랐다. 담임선생님은 가정에서 잘 지도해준 덕분에 옌옌의 학습 능력이 크게 향상되었다고 말했다. 아빠가 한 일은 고작 딸의 자신감을 키워준 일밖에 없었다.

아이가 미술 실력이 부족하더라도 그림 그리는 것을 좋아하고 부모가 그 점을 칭찬해준다면 언젠가 이 아이는 멋진 그림을 그리게 된다. 이와 반대로 그림 그리는 것을 어려워하는 아이 옆에 서서 실력이 형편없다고 말을 하면 그 아이는 다시는 붓을 들려고 하지 않을 것이다.

장난꾸러기인 데다 학교 성적이 형편없는 소년이 있었다. 아이 엄마는 걱정이 이만저만 아니었다. 학기 말 학부모회가 열리자 아이들이 멋진 공연을 선보였다. 소년은 이 공연에서 개 짖는 소리를 선보였다. 엄마는 창피한 마음에 쥐구멍에라도 숨고 싶었다. 그런데 가만히 보니 아이가 최선을 다해서 개 짖는 소리를 내고 있다는 걸 알 수 있었다. 공연이 끝나자 사람들이 모두 박수를 치며 아이를 칭찬했다. 소년은 두 눈을 반짝이며 엄마를 바라봤다. 그 순간 아이의 엄마는 자신의 아이도 분명 잘하는 일이 있다는 것을 깨달았다. 그녀는 "네 연기는 정말 최고야!" 하고 칭찬하며 아들을 안아주었다. 그날 이후 아이의 엄마는 아들에게 긍정적인 평가와 칭찬을 아끼지 않았다. 아이는 점점 자신감을 갖게 되었고 성적도 점점 향상되었다.

"최고다!"라는 칭찬은 아이의 자신감을 키우는 데 효과적이다. 아이는 자신을 칭찬해주는 부모에게 신뢰감을 가지게 되고, 칭찬받은 일을 더 잘하기 위해 노력하게 된다. 칭찬의 눈빛으로 아이를 바라본다면 아이한테 거는 희망이 물거품이 되는 일은 없을 것이다.

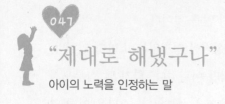

047

"제대로 해냈구나"

아이의 노력을 인정하는 말

조던의 집에는 보기 드문 디자인의 붉은색 접시가 있었다. 가족이 훌륭하다고 인정한 일을 한 사람은 그 접시를 사용해 식사를 할 수 있었다.

어느 날 조던의 친구 데이비드가 근사한 자전거를 타고 놀러 왔다. 데이비드는 시험을 잘 쳐서 부모님이 자전거를 사줬다고 자랑했다. 그 자전거는 조던이 오래전부터 돈을 모아서 장만하려던 것이었다. 조던의 엄마는 속상해하는 아들을 불러 놓고 "너도 열심히 공부해서 시험을 잘 봤다는 걸 알아. 정말 잘해냈다. 오늘 저녁 붉은 접시를 쓸 자격이 충분하구나." 하고 말했다. 조던은 자전거를 잠시 바라보다가 "난 저 자전거보다 붉은색 접시가 더 좋아요. 내가 노력했다는 걸 모두가 인정해 주는 일이니까요." 하고 말했다.

조던의 엄마는 붉은색 접시를 사용해도 좋다는 말로 아이를 인정해줌으로써 외부 자극에 흔들리는 아이의 마음을 붙잡아주었다. 적절한 보상은 자신이 한 일의 가치를 정확하게 알게 해준다.

볼프강 아마데우스 모차르트는 네 살 때부터 피아노와 바이올린을 배웠다. 그의 아버지는 아들의 소질을 일찍이 발견하고 엄격한 조기교육을 실시했다. 모차르트는 따로 가르치지 않았는데도 한 번 들은 곡은 그 자리에서 연주해내고, 아버지의 책을 읽고서는 혼자서 악보를 쓰기 시작했다. 다섯 살 난 아들이 오선지에 열심히 그려 놓은 피아노 협주곡은 규칙에 어긋난 부분이 전혀 없었다. 모차르트의 아버지는 크게 기뻐하며 "정말 제대로 해냈구나! 어린 나이에 이렇게 어려운 일을 해내다니!" 하고 말했다.

모차르트가 여섯 살이 되자 그의 아버지는 아들의 견문을 넓혀주기 위해서 오스트리아의 수도 빈으로 가서 음악 공연을 열었다. 공연이 성공적으로 끝나자 이번에는 독일과 프랑스, 영국, 네덜란드, 스위스를 다니면서 공연을 했다. 모차르트는 가는 곳마다 관중의 환호를 받았다. 그러나 여행을 하면서 모차르트의 아버지는 아들이 음악에 재능이 있을 뿐 문화적인 지식이 턱없이 부족하다는 것을 깨달았다. 그는 아들에게 라틴어는 물론이고 이탈리아어, 프랑스어, 영어를 가르쳤다. 어린 나이에 음악을 공부하면서 다른 과목을 공부하는 것은 무척 어려운 일이었다. 모차르트의 아버지는 항상 "제대로 해냈구나!" 하고 아들을 격려했다. 아버지의 이러한 노력 덕분에 모차르트는 세계적인 음악가로 성장할 수 있었다.

아이가 학업이나 일상생활에서 나아진 모습을 보일 때 가족들이 모두 모여 그 일을 인정해주는 것이 가장 큰 상이다. 칭찬을 통해 자부심을 느낀 아이는 자신의 능력을 혼자 힘으로 키워나갈 수 있다. 스스로 자신이 한 일에 의미를 부여하고, 자기 자신을 격려하는 것은 인생을 살아가는 큰 힘이 된다. 칭찬을 할 때는 구체적인 사실에 대해 정확하게 지적하고, 스스로 자기 자신을 칭찬하는 것이 가장 가치 있는 일이라는 것을 알려주자. 아울러 칭찬을 통해 판단력을 길러서 스스로 그릇된 행동을 고쳐나가도록 도와야 한다.

048

"결과가 중요한 건 아니야"

성취감을 느끼게 하는 말

잭 웰치는 토머스 에디슨이 설립한 제너럴일렉트릭사에 입사해 20년 후 그 회사의 가장 젊은 회장이 되었다. 그는 개혁을 단행해 거액의 수입을 창출했고, 우수한 기업문화를 확립했으며 제너럴일렉트릭사를 세계 일류 기업으로 만들었다. 그의 회사는 포춘에서 선정하는 '미국에서 가장 신뢰받는 기업'에 4년 연속 1위를 차치했고, 파이낸셜타임즈에서 '세계에서 가장 존경받는 기업'으로 선정되었다. 20세기가 끝날 무렵 웰치는 '세기의 경영자'라는 명예를 얻었다.

웰치의 어머니는 진취적이면서도 인내심이 깊은 사람으로 덕망이 높았다. 그녀는 주변 사람들한테 늘 인정을 베풀었고, 상대방의 자존심을 지켜주는 방법을 잘 알았다. 웰치는 어려서부터 대학생이 될 때까지 말을 더듬는 버릇을 가지고 있었다. 때때로 주변에서 그런 웰치를 놀리기도 했다. 그럴 때마다 웰치의 어머니는 "네가 너무 똑똑해서 말을 더 듣는 거야. 평범한 혀가 똑똑한 네 생각을 미처 따라오지 못하는 거란다."하고 말했다. 웰치는 이 말 덕분에 긴 세월 동안 자신의 말 더듬는 버릇에 대해 조금도 걱정하지 않고 지냈다.

웰치는 학창 시절 운동부 활동을 하며 찍은 사진을 보다가 놀라운 사실을 발견했다. 대부분의 사진에서 그는 주변 친구들보다 왜소한 체격을 하고 있었다. 초등학교 농구팀 사진에서는 다른 친구보다 몇 살 덜 먹은 아이처럼 작아 보였다. 당시에 웰치는 그런 사실을 전혀 깨닫지 못했다. 그것은 항상 자신의 능력을 믿고 열심히 응원해 준 어머니 때문이었다.

그녀는 아들의 왜소한 체격에 대해 한 번도 말을 한 적이 없었다. 대신 항상 "결과가 어찌 되었든지 열심히 하렴!" 하고 말했다. 웰치는 단점을 감싸며 자신을 응원해 준 어머니 덕분에 자신이 성공할 수 있었다고 믿었다.

현대 무용의 선구자 이사도라 덩컨은 어렸을 때부터 춤에 소질이 많았다. 그녀의 어머니는 음악 교육을 통해 딸의 예술적 감각을 길러주고, 무슨 일이든 하고 싶은 일을 할 수 있도록 배려했다. 한 번은 어렵게 돈을 모아 수업료를 지불하면서 유명 무용 교사한테 딸을 보냈다. 그런데 덩컨은 두세 번 정도 지도를 받고 나서 더 이상 그 선생님한테 수업을 듣지 않겠다고 했다. 그 선생님의 춤은 자신이 이상적으로 생각하는 춤과 전혀 다르고, 생명력이 없게 느껴진다는 것이었다.

덩컨의 어머니는 화를 내지 않고 딸의 의견을 존중해주었다. "너 자신의 감정을 표현할 수 있는 춤을 추렴. 결과가 어찌 되었든지 간에 열심히만 하면 된다." 어머니의 말은 덩컨에게 자신감을 주었다. 훗날 그녀는 "사람이 한평생 할 일은 어렸을 때부터 시작해야 한다. 부모는 한쪽 그물을 열어 놓고 아이가 더 큰 바다로 나아갈 수 있도록 길을 열어 놓아야 한다."라고 말했다.

아이에게 결과를 강요하지 않고, 자신이 하고 싶은 일을 열심히 할 수 있도록 배려하는 것은 재능을 키우고 성공의 열매를 맺게 하는 일이다.

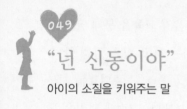

"넌 신동이야"

아이의 소질을 키워주는 말

모든 아이에게는 숨겨진 재능이 있다. 부모의 학대를 받은 아이도 더욱 편안한 환경이 주어지면 자신의 재능을 펼칠 수 있다. 잘못된 교육은 아이가 가진 재능의 싹을 잘라낸다. 아이가 처음 말을 배우기 시작하면 온 집안에 웃음꽃이 핀다. 사랑스러운 눈빛으로 아이를 지켜보기만 하면 아이는 신이 나서 수많은 단어를 내뱉기 시작한다.

루시는 양쪽 귀가 들리지 않았다. 루시의 어머니는 세 살 난 딸의 손을 이끌고 여러 병원에 다니면서 희망을 포기하지 않았다. 루시는 어른들도 견디기 힘든 전기치료까지 받은 끝에 청력을 조금 회복했다. 루시의 어머니는 여기서 끝내지 않고 딸에게 여러 가지 단어를 가르치기로 했다.

루시는 이미 손동작으로 자신이 원하는 것을 가리키는 습관을 가지고 있었다. 그래서 과자가 먹고 싶으면 동그라미를 그려 보이며 과자를 달라고 했다. 하지만 어머니는 과자통을 안고 서서 "과자야, 루시! '과자'라고 말해 봐." 하고 요구했다. 루시는 빨리 과자를 달라고 떼를 썼고 울음을 터뜨리고 말았다. 40여 분 동안이나 팽팽하게 맞선 끝에 루시는 결국 힘겹게 입을 열어 부정확한 발음으로나마 "과……자."라고 했다.

이런 방식으로 어머니는 딸에게 여러 가지 단어를 가르쳤다. 여섯 살 무렵 루시는 5백여 가지 단어를 말하게 되었고, 책을 읽는 법도 배웠다. 루시는 장애인학교가 아닌 일반 학교에 진학했다. 루시의 어머니는 딸이 여느 아이들과 마찬가지로 건강한 신체와 정신을 가지고 있다고 생각했고, 스스로 자신의 능력을 믿게 하고 싶었다. 그래서 항상 암시를 거는 마음으로 "너는 정말 신동이야!" 하고 말했다.

그녀는 작은 것이라도 칭찬할 만한 일이 생기면 한껏 과장해서 떠들었다. 루시가 열 문제 중 한 문제를 맞히면 거기에만 크게 동그라미를 그린 뒤 "너는 정말 신동이야! 처음 배운 내용인데도 한 개나 맞히다니! 엄마는 너만 할 때 이렇게 하지 못했단다." 하고 말했다. 이런 칭찬은 아이 내면의 작은 불씨를 들판을 태울 만큼 큰불로 키워 냈다. 루시는 점점 더 학업에 흥미를 느끼게 되었고, 중학교 입학시험을 우수한 성적으로 통과했다.

루시는 청각 장애를 가졌기 때문에 다른 아이보다 민감하고 쉽게 상처받을 수 있었다. 이런 점을 극복하기 위해 루시의 엄마는 아이 마음에 보다 많은 자신감과 신념을 심어 주고 싶었다. 다른 사람이 하는 일은 무엇이나 해낼 수 있을 뿐만 아니라 다른 사람이 할 수 없는 일까지 해낼 수 있다는 것. 그것이 루시의 엄마가 딸에게 진정 가르쳐주고 싶은 것이었다. 루시는 항상 신동이라는 말을 들으며 자랐기 때문에 스스로 자신의 능력을 믿게 되었다.

부모는 아이가 자랄수록 많은 기대와 실망을 한다. 아기를 바라봤던 눈빛으로 아이를 바라보고, 긍정적인 마음으로 감싸고 응원한다면 보다 좋은 결과를 얻게 될 것이다.

050

"조금만 더 힘을 내"

아이의 발전을 유지시키는 말

칭찬은 여러 방면에서 교육의 효과를 높인다. 실제로 칭찬을 할 때는 어느 정도 융통성을 가져야 한다. 칭찬의 방식은 사실과 허구가 적절히 들어가면서 공정하고 확실해야 한다.

칭찬에 허구적인 내용을 가미하는 방식은 두 가지로 나눠 생각해 볼 수 있다.

첫째는 사실을 전제로 적당히 과장하는 것이다. 아이가 빗자루를 가지고 놀고 있다면 부모를 돕기 위해 청소를 하는 행동으로 과장해서 칭찬할 수 있다. 약간의 과장이 들어갔다고는 해도 이것은 아이의 실제적인 행동에 대한 긍정적인 평가가 될 수 있다. 이런 평가는 아이에게 올바른 행동을 했다는 것을 인식시켜준다.

두 번째는 아이에 대한 기대감을 칭찬으로 표현하는 방식이다. 그림 실력이 부족해 열등감을 느끼는 아이에게 "넌 방법을 모를 뿐이야. 선생님이 가르쳐주는 대로 열심히 하면 잘 그릴 수 있을 거야. 조금만 더 힘을 내!" 하고 말하는 것이다. 이런 말은 실제 가능성과 다소 동떨어져 있을 수도 있다. 그러나 아이들은 누구나 이런 격려를 충분히 들으며 자라야 한다.

이렇게 과장이나 기대를 담은 칭찬은 아이의 자존감을 키우는 데 도움이 되지만, 그렇다고 해서 허무맹랑한 칭찬을 하는 것은 곤란하다. 칭찬은 아이가 앞으로 나아가야 할 방향을 분명하게 제시해주어야 한다.

세계적인 운동선수들을 대상으로 성공에 가장 큰 영향을 준 것이 무엇인지 조사한 결과 95%가 '부모의 지지와 격려'라고 대답했다. 자존감이 높은 사람은 성공하기 쉽다. 부모의 지지와 격려가 아이의 자존감을 키우는 데 큰 역할을 한 것이다.

자존감을 키워주기 위해서는 인내심을 가지고 작은 일에서부터 아이를 칭찬하기 위해 노력해야 한다. 노래를 한 곡 불러준 뒤 노랫말을 얼마나 기억하는지 게임을 해 보는 것도 좋다. 제법 큰 아이라면 숫자가 빼곡히 적힌 종이를 보여준 뒤 첫 줄부터 얼마나 기억하는지 적어보게 한다. 여러 번 반복하면서 조금이라도 발전이 있으면 칭찬을 해준다.

아이가 어떤 목표를 세우면 그에 따른 구체적인 계획을 세울 수 있게 도와야 한다. 시험에서 좋은 성적을 받고 싶어 한다면 수업을 열심히 듣고, 숙제를 제때 제출하고, 정해진 시간에 관련된 책을 읽도록 지도하는 것이다. 이런 일을 착실하게 해내는 데에는 부모의 감독과 응원이 필요하다. "조금만 더 힘내!"라는 말은 아이가 꾸준히 노력하고 과감히 전진할 수 있도록 돕는다.

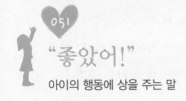

051

"좋았어!"

아이의 행동에 상을 주는 말

아이가 좋은 성적을 받을 때마다 용돈을 주기로 한 부모가 있었다. 우등상을 받으면 50위엔, 최우수상을 받으면 100위엔을 주었다. 아이는 집에 오자마자 그날 배운 내용을 복습하고, 책을 읽었다. 처음에는 아이의 성적이 껑충 뛰어올랐다. 그러나 시간이 지나자 아이는 공부에 싫증을 내기 시작했다. 용돈을 더 올려도 소용이 없었다.

아이에게 물질적인 보상을 해주는 것은 확실한 방법이지만 효과가 그리 오래가지는 않는다. 오히려 공부의 즐거움을 가르치기보다는 물질적인 이득만 추구하는 역효과를 낳기 쉽다.

한 심리학자가 그림을 좋아하는 아이들을 뽑아서 두 그룹으로 나눈 뒤 흥미로운 실험을 했다. 첫 번째 그룹에게는

그림을 그릴 때마다 상을 주겠다고 했고, 두 번째 그룹에게
는 그저 "그림 솜씨가 보고 싶구나." 하고 말하기만 했다.
첫 번째 그룹 아이들은 그림을 그린 뒤 약속한 대로 상을
받았고, 두 번째 그룹 아이들은 잘했다는 칭찬을 들었다. 3
주가 지나자 첫 번째 그룹 아이들은 그림에 대한 흥미를 완
전히 잃어버렸다. 이에 반해 두 번째 그룹 아이들은 예전보
다 훨씬 더 그림을 잘 그리게 되었다.

이 실험은 아이에게 상을 주는 것이 일정한 효과를 거둘
수는 있지만 다른 부작용을 불러일으킬 수 있다는 것을 말
해준다. 아이는 상을 받는 일에만 흥미를 느끼게 되고, 그
상을 받게 한 행동에 대해서는 흥미를 잃게 되는 것이다.

물질적인 보상은 정신적인 가치를 무시하게 만든다. 시험
을 잘 칠 때마다 상으로 용돈을 주고, 선물을 사주는 것은
아무런 도움이 되질 못 한다. 비싼 선물을 사줄 때 정작 아
이의 노력에 대한 칭찬의 말을 잊은 것은 아닌지 생각해 보
아야 한다. 노력을 인정하는 칭찬의 말은 아이 마음속에 내
적 동기를 강화한다.

아이를 올바르게 키우고 싶다면 물질적인 보상을 주는 것
보다는 엄지손가락을 치켜세우며 "좋았어!" 하고 말해주는

것이 좋다.

부모는 아이의 첫 번째 선생님이고, 부모의 수준이 아이의 수준을 결정한다. "세 살에 어떻게 자랄지 알 수 있고, 일곱 살에 어떻게 늙을지 알 수 있다."는 말이 있다. 부모가 제대로 배워야 아이를 좋은 방향으로 이끌 수 있다. 부모가 곧 아이의 미래다.

물질적인 것으로 아이에게 보상해 주려고 하지 말고 깊은 관심과 진심 어린 마음으로 아이를 격려하자. 수시로 엄지손가락을 내밀며 "좋았어!"라고 말하는 것은 아이의 흥미를 유발하고 용기를 길러준다.

재주가 별로 없는 아이일수록 더 자주 이런 말과 행동을 해 주어야 한다. 성취감을 많이 느낀 아이일수록 자존감이 높다.

052
"좋은 생각이 떠오를 거야"
아이의 아이디어를 격려하는 말

정치의 부모는 엄격하고 용돈을 적게 주었다. 여덟 살이 된 정치는 영화관에 가고 싶었지만 용돈이 부족했다. 정치는 근본적으로 이 문제를 해결하기 위해서 스스로 돈을 벌어야겠다는 생각을 했다. 아이는 먼저 탄산수를 만들어서 행인에게 팔겠다는 계획을 세웠다. 부모님은 아들의 생각을 대견해했다. 그러나 추운 겨울날이었기 때문에 부모님을 빼고는 아무도 탄산수를 사지 않았다. 두 사람은 아들에게 "분명 좋은 생각이 떠오를 거야." 하고 격려를 했다.

정치는 우연히 손님으로 집에 들른 사업가와 얘기를 나누게 되었다. 정치가 자신의 실패담을 털어놓자 사업가는 두 가지 요령을 귀띔해 주었다. 첫 번째는 다른 사람이 어려워하는 문제를 해결해주어야 돈을 벌 수 있다는 것이고, 두 번째는 자신이 아는 것과 할 수 있는 것, 그리고 가지고 있는 것을 모두 집중해야 한다는 것이었다.

사업가의 충고는 큰 도움이 되었다. 그러나 여덟 살짜리 남자아이가 할 수 있는 일은 그리 많지 않았다. 정치는 매일 동네 여기저기를 돌아다니면서 어떻게 사람들의 문제를 해결해줄 수 있을지 고민했다. 아들의 모습을 지켜보면서 부모님은 좋은 생각이 떠오를 거라는 말을 계속해주었다.

어느 날 아침 정치는 아빠가 무심코 던진 말을 듣고 멋진 생각을 떠올렸다. "신문을 가지러 나가려니 귀찮구나. 네가 좀 가져다주겠니?" 정치는 기쁜 목소리로 "아빠, 사람들한테 신문을 직접 갖다주고 돈을 받아야겠어요!" 이렇게 외쳤다. 그 동네 신문 배달원은 현관문 앞까지 와서 신문을 갖다 놓지 않고, 앞마당 울타리에 신문을 끼워 놓고 가버렸다. 대부분의 사람이 아침에 느긋하게 앉아 신문을 읽으려면 잠옷 바람으로 찬바람을 맞으며 앞마당을 걸어 나와야 했다. 비나 눈이 내리는 날이라면 더욱더 귀찮은 일이 아닐 수 없었다.

정치는 이웃집의 초인종을 누르고 매달 1달러만 내면 아침마다 신문을 현관문 앞에 갖다주겠다고 했다. 대부분의 사람이 그 제안을 받아들였다. 정치는 순식간에 70명의 고객을 확보했다. 정치는 여기에 만족하지 않고 더 좋은 아이디어가 없는지 열심히 찾아다녔다. 정치는 자신의 고객들한테 매달 1달러씩 더 내면 쓰레기봉투를 현관에서 쓰레기통까지 옮겨다 놓겠다고 했다. 정치는 애완동물한테 먹이를 주거나 화초에 물을 주는 일 같은 간단한 서비스를 고객에게 무료로 제공하기도 했다.

일 년 뒤 정치는 아빠의 컴퓨터로 자신의 일을 홍보하고, 아르바이트에 관한 여러 가지 아이디어를 따로 기록하면서 언제 누구한테 돈을 받아야 하는지 체계적으로 서류를 만들어 정리했다. 일거리가 많아지자 자신의 일을 도울 친구들을 고용해서 수입의 절반을 나누어 가지기도 했다. 열두 살에는 〈아이가 돈을 버는 250가지 아이디어〉라는 책을 출간해 유명 작가가 되었다.

이 이야기를 통해서 아이의 잠재력을 이끌어내는 것이 얼마나 큰 효과를 거둘 수 있는지 알 수 있다. 아이의 기발한 생각을 들어주고, 그 일을 직접 시도할 수 있도록 격려해주면 아이는 무슨 일이든 해낼 수 있다.

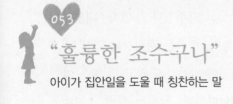

053

"훌륭한 조수구나"

아이가 집안일을 도울 때 칭찬하는 말

주말농장을 운영하는 부부에게 게으른 중학생 딸이 있었다. 두 사람은 딸의 게으름을 보다 못해 농장으로 데려가 일을 시키기로 했다. "내일 밭에 파종을 하러 갈 거야. 마침 방학이고 하니 함께 가서 거름을 운반해 주지 않겠니?" 딸은 마지못해 그렇게 하겠다고 대답했다.

다음날 딸은 지독한 거름 냄새를 참아가며 밭일을 도왔다. 그러나 한 시간도 채 되지 않아 "아빠, 이제 다 끝나 가나요?" 하고 물었다. 아빠는 "아직 멀었어! 내 생각에는 하루 종일 일해야 거름을 다 뿌릴 수 있을 것 같구나." 하고 대답했다.

그는 어린 시절 가난한 형편 때문에 온 가족이 밭일을 거들며 살았던 때를 떠올렸다. '일하지 않으면 먹지도 말라'는 것이 대대로 이어져 내려온 가훈이었다. 그가 힘들게 일을 거들고 나면 그의 아버지는 항상 "넌 훌륭한 조수구나!" 하고 칭찬해주었다. 그 말을 들을 때마다 그의 마음에는 자부심과 기쁨이 넘쳤다.

해가 저물 무렵에야 밭일이 끝났다. 그는 기쁜 마음으로 딸을 칭찬해주었다. "수고 많았다. 너는 훌륭한 조수구나!" 딸의 얼굴에도 기쁨의 미소가 번졌다.

아이에게 적당한 집안일을 시키는 것은 중요한 의미를 지닌다. 아이는 집안일을 하면서 스스로 일을 처리하는 능력을 기르고, 인내심을 배우며 부모와 정을 돈독히 할 수 있다. 손을 움직여 집안일을 하면 뇌가 활발히 움직이고 관찰력과 주의력을 키울 수도 있다.

많은 부모가 공부는 물론이거니와 춤, 노래, 그림 등 여러 방면에서 아이가 두각을 나타내길 바라면서도 집안일은 전혀 시키질 않는다. 이것은 젓가락질은 하지 않고 입만 벌리면 밥을 입에다 넣어주는 것과 마찬가지다. 어떤 부모는 마음이 아파서 집안일을 시키지 못하겠다고 한다. 집안일을 할 바에는 그 시간에 공부하길 바란다. 때로는 아이의 손길이 방해만 된다고 하는 사람도 있다.

그러나 아이는 자기 힘으로 조금씩 집안일을 거들어야 한
다. 부모는 일상생활에서 아이를 지도하고 칭찬할 기회를
가져야 한다. 인생을 살아가다 보면 때로는 하기 싫은 일을
해야 할 때도 있다. 누구나 그런 상황에서 자기 행동을 지
혜롭게 조절해나가야 한다. 집안일은 삶의 도전을 받아들
이기 위한 예비 수업이나 마찬가지다.

아이한테 집안일을 시킬 때는 지시를 내리는 데 그쳐서는
안 된다. 아이가 충분히 익숙해질 때까지 주의 사항과 요령
을 알려주고, 분업과 협동의 즐거움을 느낄 수 있도록 부모
가 함께하는 것이 좋다.

아이가 정원을 쓸면 "수고했다." "깨끗해졌네." 하고 칭찬
하면 된다. 이럴 때 "착하구나."라고 하는 것은 아무 도움
이 되지 않는다. 칭찬은 아이의 성품을 훌륭하다고 추켜세
우는 것이 아니라 구체적인 행동에 대한 말이어야 한다. 집
안일을 도운 아이에게 "훌륭한 조수로구나!"라고 하는 것은
부모에게 도움이 되었다는 것을 알려주는 말이다. 이 말을
들은 아이는 보람과 성취감을 느낄 수 있다.

054

"맞았어"

창의성의 문을 열어주는 말

초등학교에 다니는 아이가 기어들어가는 목소리로 시험을 망쳤다면서 국어 시험지를 내밀었다. 엄마가 살펴보니까 그림의 상황을 문장으로 나타내는 문제 하나는 틀린 게 아닌 것 같았다.

어떤 아이가 묘목에 물을 주는 그림 밑에 '형이 나무를 심고 있다'라고 썼는데 선생님은 그것을 '형이 물을 주고 있다'고 고쳐 놓았다. 선생님이 쓴 문장이 정답이기는 하지만 아이가 써 놓은 답이 완전히 틀린 것은 아니었다. 엄마는 아이한테는 선생님의 말이 틀렸다고는 하지 않았다. 하지만 표준 답안 때문에 아이의 창의성이 가려질까 봐 걱정되었다.

엄마는 아이와 함께 시험지를 들여다보면서 "이 그림은

동생이 나무를 심고 있다거나 동생이 물을 주고 있다고 해도 될 것 같은데?" 하고 말했다. "그럼 내가 적은 것도 답이 될 수 있어요?" 아이의 말에 엄마는 그렇다고 대답해주었다. "문제 하나에 여러 개 답이 나올 수도 있단다. 네가 쓴 문장도 맞았어." 아이는 곰곰이 생각하더니 "작은 나무가 자라고 있다!"라고 했다. 엄마가 "맞았어!" 하고 맞장구를 쳐 주자 이번에는 "나와 작은 나무가 함께 자란다!"라고 말했다. "그것도 맞았어!" 엄마는 여러 가지로 자신의 생각을 말하는 아이의 모습에 기뻐했다.

선생님이 "이 벽돌로 무엇을 할 수 있을까요?"라고 묻자 대부분 아이가 "집을 지어요."라고 대답했다. 그때 슈왑이라는 아이가 손을 번쩍 들더니 "개를 때릴 수도 있어요."라고 대답했다. 아이들이 큰소리로 웃자 선생님은 화를 내며 슈왑을 꾸짖었다. 그날 저녁 슈왑은 억울한 느낌을 지울 수가 없어서 아버지한테 그 일을 얘기했다. 그러자 아버지는 "네 말도 맞단다." 하며 아들을 격려했다.

어떤 틀에 구속되지 않은 사고는 창의성을 자라게 한다. 창의성은 여러 가지 예술적인 활동의 바탕이 될 뿐만 아니라 사고력이 성장하는 데에도 중요한 역할을 한다. 창의성이 뛰어난 아이는 성적도 우수한 편이다. 사고력이 발달하는 과정은 표상을 기억하는 수준에서 표상을 재건하는 단계를 거쳐 마침내 표상을 창의하는 수준에 이르게 되기 때문이다.

어른들은 기존 관념에 얽매여 창의적인 생각을 하기가 어렵다. 그러나 아이들은 여러 각도에서 사물을 바라보고 다양하게 자신의 생각을 그 속에 불어넣는다.

인도에서 코끼리 여러 마리를 훈련시킬 때 밧줄로 울타리를 쳐둔다고 한다. 힘센 코끼리는 마음만 먹으면 얼마든지 밧줄 울타리를 망가뜨릴 수 있다. 그런데 코끼리들은 밧줄을 묶어두기만 하면 그것을 뛰어넘을 생각을 전혀 하지 않는다고 한다.

틀에 구속되지 않은 자유로운 생각을 인정해주지 않는 것은 생각의 싹을 잘라버리는 것과 마찬가지다. 아이들이 얼마든지 뛰어넘을 수 있는 장애물에 갇혀서 뒷걸음질 치는 것은 안 될 일이다. 아이들이 넓은 시야를 가지고 상상력을 무한히 펼쳐나갈 수 있도록 생각의 날개를 달아주자.

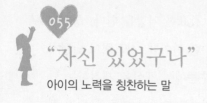

"자신 있었구나"

아이의 노력을 칭찬하는 말

중학교 수학 경시대회에서 가장 나이 어린 참가자가 수많은 경쟁자를 물리치고 1등을 차지했다. 이 학생은 "아버지께 감사드려요. 아버지는 제가 새로운 일에 도전할 때마다 '자신 있지!'라고 격려해주셨어요." 하고 수상소감을 밝혔다. 이 아이의 아버지는 격려를 하는 것이 가장 좋은 뒷바라지라고 생각했다. 어렸을 때부터 아이가 자신 있어 하는 일은 뭐든지 잘해 낼 수 있을 것이라고 말해 주었고, 그 과정을 철저히 준비하도록 지도했다. 아이가 자신의 능력을 발휘할 수 있었던 것은 아버지가 오랜 세월 동안 자신감을 키워준 덕분이었다.

어느 날 다섯 살 난 동동이 말했다. "아빠, 오늘 우리 반에 웅변대회가 열렸어요. 선생님이 제가 준비도 잘해오고,

발표도 잘했다고 칭찬해주셨어요." 아이의 아빠는 진심으로 기뻐하며 "정말 그랬어? 자신 있었구나." 하고 말했다. 우리는 흔히 이런 순간 "자신 있었구나."라는 말 대신 "제일 예쁘다."라거나 "최고로 잘했어." 이런 말을 하곤 한다. 이런 말은 아이의 마음에 부담을 줄 수 있다.

'제일', '최고'라는 단어를 자주 들은 아이는 자신에 대한 기대치를 스스로 감당할 수 없게 된다. 그런 말은 다른 사람과 경쟁해서 반드시 일등을 해야 할 것만 같은 압박감을 준다. 습관적으로 과장해서 칭찬을 하면 아이는 회의감에 빠지고 결국에는 자신감을 잃게 된다. 부모의 칭찬과 달리 현실에서는 자기보다 달리기를 잘하거나 노래를 잘 부르는 친구를 만날 수밖에 없기 때문이다.

칭찬의 내용을 그대로 믿는 아이는 칭찬을 습관처럼 받아들일 수도 있다. 이런 아이는 무슨 일이나 칭찬을 받으려고만 할 뿐 스스로 만족하기 위해서 노력하지 않는다. 또 칭찬을 듣지 못하는 일은 아예 시도조차 하지 않으려고 한다. 현실과 맞지 않는 무분별한 칭찬은 차라리 칭찬을 하지 않는 것만 못하다. "자신 있었구나."라고 말하는 것이 "네가 가장 잘한다."고 하는 것보다 훨씬 도움이 되는 말이다.

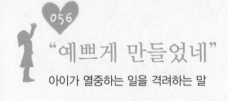

056

"예쁘게 만들었네"

아이가 열중하는 일을 격려하는 말

리앙리앙은 어릴 때부터 무엇이든 손으로 꼼지락거리며 만드는 걸 좋아했다. 리앙리앙이 안경을 만들어 보겠다고 하자 아빠는 재료를 준비해주고, 엄마는 선글라스를 건네주면서 참고하라고 했다. 리앙리앙은 재료를 다양하게 활용해서 안경을 만들기 시작했다. 하지만 가위질이 서툴러서 테 모양이 삐뚤삐뚤해지고 말았다. 아빠는 그 모습을 보고 피식 웃음을 짓고 말았다. 리앙리앙은 기분이 나빠져서 안경 알 모양은 아예 톱니처럼 들쑥날쑥하게 잘라 버렸다.

그때 엄마가 뜻밖의 말을 했다. "예쁘게 만들었네! 안경알이 반짝이는 해님 모양이구나!" 엄마 말을 듣고 보니 안경이 제법 그럴싸해 보였다. 리앙리앙은 톱니 모양으로 튀어나온 부분에 붉은색을 칠해서 안경알이 정말로 빛나는 해

님처럼 보이게 꾸몄다. 다음 날 자신이 만든 안경을 유치원에 가지고 가자 모두가 부러워하며 칭찬해주었다. 이 일을 계기로 리앙리앙은 만들기에 더욱 흥미를 가지게 되었다.

장원롱은 활발하고 호기심이 강했는데 장난감을 개조하는 일을 좋아했다. 어쩌다 블록 쌓기 같은 장난감을 선물받으면 설명서를 보지도 않고 상상력을 발휘해서 여러 가지 형태를 척척 만들어냈다. 아버지는 아들한테 놀이 방법을 가르쳐주는 일을 포기하고 자기 뜻대로 놀도록 내버려두었다. 그런 과정을 통해 아이의 두뇌 발달이 자극받는다는 것을 잘 알고 있었던 것이다.

장원롱의 아버지가 한 일이라고는 그저 아들이 자기 나름의 작품을 만들어서 보여줄 때마다 "멋지게 만들었구나!" 하고 말하는 것밖에 없었다. 장원롱은 그 말을 들을 때마다 으쓱한 표정을 지은 뒤 색다른 시도를 하는데 몰두했다. 날이 갈수록 장원롱은 기발한 아이디어와 뛰어난 조작 능력을 갖추어 나갔다.

모든 사람이 매 순간마다 다른 사람에게 인정받기를 원하며 살아간다. 아이들도 타인의 눈에 비친 자기 모습을 통해서 스스로의 가치를 확인한다. 아이들은 좀 더 많은 관심을 받길 바라며 엄마 아빠의 긍정적인 평가와 칭찬에 항상 목말라 있다.

부모가 아이한테 조금 더 관심을 기울이면 아이는 겉으로 보이는 행동뿐만 아니라 마음속에서부터 변화하기 시작한다. 관심을 표현하기 위해서는 아이가 좋은 성적을 얻거나 자신이 그린 그림을 보여주거나 자기 옷을 혼자 힘으로 빨았을 때 "정말 멋지구나!" 하고 격려해주어야 한다. 부모가 아이의 발전을 건성으로 넘기면 아이는 아무것도 해낼 수 없다. 아이는 자신의 속마음을 숨기고 점점 부모와 멀어지기만 할 것이다.

아이가 썩 잘 해내지 못했다고 여겨질 때에도 칭찬과 격려를 해주어야 한다. 어른의 입장에서는 사소한 것이라도 아이가 노력을 기울인 일이라면 무엇이든 칭찬할 만한 가치가 있다. 칭찬을 받은 아이는 보다 잘 해내기 위해 더욱 노력하게 된다.

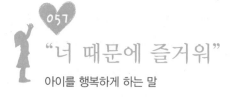

057

"너 때문에 즐거워"

아이를 행복하게 하는 말

텐텐은 유치원을 다녀와서도 마음대로 놀지 못했다. 매일 저녁 엄마는 단어 공부나 그림 그리기 같은 숙제를 내주었다. 아빠는 그런 아이의 모습이 항상 안타까웠다.

텐텐의 부모는 아이 교육 문제로 다툴 때가 많았고, 의견이 다르다 보니 아이한테 이중 잣대를 댈 수밖에 없었다. 한 번은 미술 학원에서 배운 대로 닭을 그려 보기로 했다. 그런데 아무리 애를 써도 잘 그려지지 않자 아이는 울음을 터뜨리고 말았다.

주말이 되자 아빠는 텐텐의 기분을 달래주려고 동물원에 갔다. 텐텐은 닭뿐만 아니라 비둘기나 공작 같은 새를 관찰하기도 하고 직접 모이를 주기도 했다. 그날 저녁 아빠는 아들에게 오늘 본 새들을 한번 그려보라고 했다. 텐텐은 신이 나서 여러 가지 색을 사용해서 과감하게 그림을 그리기 시작했다. 형태가 좀 이상하다 싶으면 이 부분은 지우자, 여기는 이렇게 그리자 하고 아빠와 상의하면서 그림을 그려나갔다. 두 사람은 유쾌하게 작업을 마쳤다. 텐텐의 아빠는 "네 덕분에 정말 즐겁구나!" 하고 말했다. 그 후로도 텐텐과 아빠는 시간이 날 때마다 함께 사물을 관찰하러 다녔고, 종이가 없을 때는 분필을 가지고 땅바닥에 그림을 그리기도 했다. 텐텐은 완성된 그림이 마음이 들면 "아빠, 이거 사진 찍어주세요." 하고 말했다. 텐텐은 자신의 작품을 사진으로 남기면서 그림에 대한 흥미를 키워갔다.

　텐텐의 엄마는 아이한테 억지로 이것저것 가르치기만 하려고 했던 자신의 교육 방식을 돌이켜보며 아빠의 교육 방식이 옳다는 것을 깨달았다. 텐텐의 아빠는 아이를 친구로 여기고 작은 일이라도 아이와 함께 의논해서 결정했다. 아이를 구속하지 않았고, 잘못한 일이 있으면 차분히 대화를 나누었다. 학습을 돕기 위해서 단순히 지식을 머릿속에 집어넣는 것이 아니라 생활 속에서 관찰하고 탐구할 기회를 주었다. 그리고 아이가 무언가를 해낼 때마다 "네 덕분에 즐겁구나." 하고 말했다.

"장래성이 있구나"

독립성을 키워주는 말

새 학기를 등록하는 날 아침 리치앙은 컴퓨터 앞에 앉아 있는 아빠 옆에서 계속 머뭇거렸다. "물어보고 싶은 거라도 있니?" 아빠의 말에 리치앙은 고개를 가로저었다. "그럼 어서 가 봐. 다음번에는 아빠가 도와줄게." 리치앙은 일곱 살에 불과했지만 혼자 힘으로 새 학기 등록을 해보고 싶었다. 하지만 막상 집을 나서려니 그 일을 잘 해낼 수 있을지 걱정이 되었다. "아빠가 갈까?" 아빠는 계속 컴퓨터 작업을 하면서 무심한 말투로 이렇게 물었다. 리치앙은 다시 고개를 저었다. "그럼 얼른 가 봐. 아들." 그제야 리치앙은 중대한 결심을 한 듯 고개를 끄덕이고는 집을 나섰다.

리치앙이 혼자서 새 학기를 등록하러 오자 교무실 안 선생님이 너도나도 한마디씩 했다. "정말 너 혼자 왔니? 어린 나이에 혼자서 이런 일을 해내다니…… 너는 장래성이 있는 아이로구나!" 리치앙은 뿌듯함과 자부심이 가득한 얼굴로 집으로 달려갔다.

어떤 사람들은 리치앙의 아버지가 아이한테 너무 어려운 일을 맡겼다고 생각할지 모른다. 아이들은 자기 힘으로 해야 하는 일상적인 일도 부모가 곁에서 도와줘야 하는 존재로 여기기 때문이다. 그러나 아이가 자기 일을 스스로 해볼 수 있는 기회를 갖는 것은 성장에 큰 도움이 된다. 부모한테 기대는 시간이 길어지면 의존성만 키울 뿐이다.

유치원에 다니는 자오샤오윈은 집을 나설 때마다 엄마가 신발 끈을 묶어주었다. 아이의 아빠는 그런 일은 혼자 하도록 내버려 두라고 했다. 하지만 그녀는 아이가 마음만 먹으면 언제든지 배울 수 있는 일에 대해서 미리 걱정할 필요가 없다고 생각했다.

그런데 막상 아이한테 신발 끈을 직접 묶어 보라고 하자 뜻밖의 일이 벌어졌다. 아이는 "저는 아직 어려요." 이렇게 말하면서 완강히 버티고 서 있기만 했다. "엄마가 하는 걸 잘 보고 배워 보렴. 너도 이제 이런 일은 혼자서 할 수 있어." 아이는 곧 울음을 터뜨릴 것 같은 얼굴이 되었다. 그녀는 아이의 머리를 쓰다듬으면서 "너는 신발 끈을 묶을 수 있을 거야. 30분을 줄 테니까 한번 해 보렴." 하고 말했다. 만약 30분 안에 아이가 그 일을 해내지 못하면 아이에게 벅찬 일인 게 분명했다. 그런데 30분이 채 되기도 전에 아이가 기쁜 목소리로 엄마를 찾았다. "엄마, 내가 해냈어요! 저 혼자 신발 끈을 묶었어요." 엄마는 자랑스러운 얼굴로 "잘했구나. 너는 장래성이 있는 아이야!" 하고 말했다.

언젠가 혼자 힘으로 세상을 살아가야 할 아이들은 독립심을 배워야 한다. 어른의 행동은 오히려 아이들이 독립심을 키우는 데 방해가 될 때가 많다. 어른들은 아이의 독립적인 정신세계를 인정하지 않고, 성장 발육에 필요한 물질적 필요를 채워주는 것이 가장 중요한 일이라고 생각한다. 게다가 아이의 독립된 세계를 인정하는 부모들은 자신이 그 세계의 건립자라고 착각하기도 한다.

아이에게 어른의 행동 특성을 강요하는 것 역시 아이의 정신세계를 방해하는 주요 원인이다. 빠른 시간 안에 효율적으로 목적을 이루고자 하는 것은 어른의 특성이다. 이런 기준을 아이한테 적용해서 목적이 불분명하거나 효율적이지 못하다는 이유로 아이의 행동을 탐탁지 않게 여기는 경우가 많다. 심지어 어떤 어른들은 시간 낭비를 막겠다거나 아이를 피곤하게 만들고 싶지 않다는 이유를 들어 아이가 할 일을 대신해 버린다. 그러면 아이의 발전은 어른의 간섭 속에 묶여버린다.

아이는 반드시 자기 힘으로 발전해야 한다. 아이의 성장을 대신해줄 수 있는 사람은 아무도 없다.

"네 생각에도 일리가 있구나"
아이의 사고력을 키워주는 말

아이의 의견이나 생각을 쉽게 부정하거나 반박하지 말자. 무조건 틀렸다고 단정하기 전에 아이가 보고 듣고 생각하는 것을 인정해줘야 한다.

어느 날 란란은 부모님의 이야기를 엿듣게 되었다. 부모님은 란란을 명문 중등학교에 보내려 하고 있었다. 란란은 그 일이 내키지 않아서 부모님 앞에 나아가 이렇게 말했다. "엄마, 아빠! 전 그 학교 가기 싫어요. 일반 학교에 다녀도 좋은 성적을 얻을 수 있잖아요. 학비도 덜 들고요." 아빠는 딸의 말에 찬성했다. "네 생각에도 일리가 있구나, 엄마랑 다시 상의해볼게. 괜찮지?"

시내에서 노점상을 하는 아버지가 있었다. 어느 날, 중학교 1학년인 아이가 방과 후 아버지를 만나려고 시내로 가던 길에 아버지와 마주쳤다. "아빠, 오늘은 왜 이렇게 일찍 끝나셨어요?" 아버지는 기운 없이 대답했다. "단속반이 나온다고 해서 일찍 자리를 접었단다." 아이는 더 이상 아무 말도 하지 않았다. 두 사람은 집에 도착할 때까지 한 마디도 나누지 않았다.

그런데 저녁 식사 도중 갑자기 아이가 입을 열었다. "아빠, 제 생각에는 이제 우리 집도 영업 허가증을 받고 장사를 하면 좋겠어요. 그래야 불법이 아니라고 선생님께서 말씀하셨거든요. 오늘 당장 그렇게 하시면 어때요?" 순간 아버지는 당황해서 할 말을 찾지 못했다. 그때 옆에 있던 어머니가 이렇게 말했다. "얘야, 네 생각도 일리가 있구나. 오늘은 너무 늦었으니, 내일 그렇게 하마." 아버지도 그 말에 고개를 끄덕였다. "그래, 영업 허가를 받으면 앞으로는 맘 편히 장사할 수 있을 거야. 네가 아빠보다 법을 더 잘 지키는구나, 너한테 한 수 배워야겠어!"

"네 생각에도 일리가 있다"라고 인정하는 것은 아이가 나름의 고민 끝에 말한 생각을 긍정적으로 평가해주는 일이다. 아이는 이를 통해 자신이 올바르게 생각했다고 느끼고,

다른 일을 할 때에도 정확한 판단을 내리기 위해 노력하게
된다. 부모라면 마땅히 아이가 어떤 사물이나 상황에 대해
자기 생각을 말할 수 있도록 적극적으로 격려하고 존중해
줘야 한다. 물론 그 생각이나 견해가 틀릴 수도 있지만, 이
또한 문제 될 것이 없다. 우선 아이의 생각 중에 옳은 부분
을 칭찬해준 다음, 적절하지 못한 생각은 호의적으로 짚어
주면 된다.

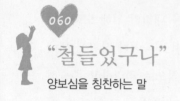

060

"철들었구나"

양보심을 칭찬하는 말

부모들은 어떻게 하면 아이한테 양보심을 키워줄 수 있을지 고민한다. 친구에게 장난감을 빌려주지 않거나 사탕을 나눠 먹지 않으면 아이가 이기적이라고 걱정하는 부모들이 있다. 아이를 하나만 키우는 가정에서는 형제가 없어서 그렇다는 말을 하기도 한다. 그러나 아이가 자기 물건을 나누려고 하지 않을 때 일부러 나서서 양보하라고 할 필요는 없다. 세심하게 살펴보면 아이들은 이미 자기 것을 나누는 기쁨을 알고 있다.

아기들은 종종 맛있는 음식을 엄마 입에 넣어준다. 심지어 자기가 먹던 것을 엄마 입속에 밀어 넣기도 한다. 때로는 장난감을 부모 손에 쥐여주면서 함께 놀자고 조르기도 한다. 그런 행동이 바로 양보심의 싹이다. 이런 순간 부모는 "참 마음이 넓구나!" 하고 아이의 행동을 칭찬해야 한다. 이렇게 하지 않고 아이가 물건을 나누지 않으려고 할 때 야단만 치는 것은 별로 효과가 없다. 한창 자라나는 아이들한테는 부모와 함께 지내는 일 분 일 초가 양보심을 배울 수 있는 기회가 된다.

자아 개념과 물건의 소유 개념이 형성되고, 또래 관계에 익숙해지면 아이들은 자연스럽게 타인에게 양보하는 법을 익히게 된다. 부모들은 아이가 언제쯤 자발적으로 친구들한테 장난감을 빌려주게 될지 걱정한다. 초조한 마음으로 야단을 치면 양보심을 기르는 일에 방해만 될 뿐이다.

어떤 부모는 양보하는 일을 친구 사이에서 해야 하는 일로 여겨서 집에서는 좀처럼 그럴 기회를 주지 않는다. 가장 가까운 가족에게 양보하는 법을 배우지 못하면 바깥에서 그런 일을 하기가 더 어려워진다.

양양의 할머니는 식사 때마다 아이가 좋아하는 반찬을 코앞에 놓아주었다. 매번 그렇게 하자 양양은 식탁에 차려진 반찬이 모두 자기를 위한 것이라고 생각하게 되었다. 그래서 맛있는 반찬이 보이면 모두 자기 앞에 가져다 놓기에 바빴다. 다른 가족은 그 반찬을 먹어볼 수도 없었다.

하루는 아이의 이기적인 행동이 걱정된 양양의 엄마가 이렇게 말했다. "네 앞에 갖다 놓은 반찬은 맛이 없는 건가 봐?" 양양은 얼른 이렇게 대답했다. "아니요, 맛있는 반찬이에요." 양양의 엄마는 일부러 "엄마는 한 번도 못 먹어봐서 맛이 없는 줄 알았지." 하고 말했다. 양양은 그제야 부끄러워하며 반찬 그릇을 식탁 가운데로 옮겼다. "엄마, 아빠도 한 번 드셔 보세요." 가족들이 반찬을 돌아가며 먹자 양양은 "진짜 맛있죠?" 하고 물었다. 양양의 엄마는 "함께 나눠 먹으니까 더 맛있구나. 그렇지?" 하고 대답했다. 양양은 고개를 끄덕이며 다른 반찬 그릇도 모두 제자리에 갖다 놓았다. 그 모습을 지켜보던 아빠는 "양양이 정말 철이 들었구나!" 하고 대답했다. 그날 이후 양양은 반찬을 독차지하지 않았다.

요즘은 많은 가정이 양양의 집처럼 자녀 위주로 생활을 한다. 자녀 중심적 가정환경은 아이가 양보심을 배우는 데 전혀 도움이 되지 못한다. 가족 구성원은 모두 평등한 대우를 받아야 한다. 그런 관계 속에서 양보를 하는 것은 모두에게 즐거움을 줄 수 있다.

무턱대고 아이가 가장 아끼는 물건을 친구에게 양보하라고 강요하는 부모도 있다. 그런 일은 아이한테 상처를 준다. 아이들은 저마다 아끼는 물건이 다르다. 바퀴가 빠진 자동차 장난감을 보물처럼 소중하게 여기는 아이도 있다. 만약 누군가가 자신의 보물을 일주일 동안 친구한테 빌려주라고 한다면 어떻게 하겠는가? 양보심이 많은 아이라도 자신이 가장 아끼는 물건은 친구한테 내어주지 않으려고 할 것이다.

어떤 때는 아이들이 A라는 친구와 나눠 쓰던 물건을 B라는 친구한테는 빌려주려고 하지 않을 수도 있다. 이런 일 역시 지극히 정상적인 일이다. 자기가 아끼는 액세서리를 친한 언니나 동생한테는 빌려줘도 별로 친하지 않은 사람에게는 그렇게 할 수 없는 것과 마찬가지다. 아이도 어른들처럼 양보할 수 있는 물건과 대상을 선택할 권리가 있다.

어떤 부모는 양보하는 행동을 강조하느라 아이의 마음을 소홀히 여기기도 한다. 아이 손에 쥐어진 장난감이나 사탕을 다른 사람한테 양보하라고 했는데 아이가 싫다고 하면 반드시 그 고집을 꺾으려고 한다. 온갖 방법으로 아이를 꾀고 협박을 하기까지 한다. 그런 일은 단순히 부모의 체면 때문에 아이에게 양보를 강요하는 것과 마찬가지다. 실제로 교육적인 목적보다는 부모의 체면을 세우기 위해 양보를 요구하는 경우가 많다. 아이가 얼마나 예의 바르고 대범한지 다른 사람한테 보여주고 싶은 것이다. 이런 일을 겪은 아이는 양보를 그리 유쾌한 일로 받아들이지 못하게 된다. 그 대신 소중한 물건을 빼앗겼다는 슬픔과 자기 마음을 알아주지 않은 부모에 대한 서운한 감정을 품게 된다. '양보'가 '고통'으로 받아들여진다면 아무 의미가 없다.

양보심은 천천히 순차적으로 길러진다. 부모는 자신의 체면을 세우려고 아무 상황에서나 무턱대고 양보를 강요해서는 안 된다. 소중한 물건을 아무에게나 내어 주는 것은 비정상적인 일이다. 양보는 상대방도 즐겁고 나도 즐거워야 한다. 그런 경험을 통해 아이는 진정한 양보의 의미를 배우게 된다.

061

"친구가 생겼다니 기쁘구나"

우정을 키우게 하는 말

돈독하게 오랫동안 유지되는 우정은 어린 시절부터 맺어온 관계가 많다. 누구나 슬픔과 기쁨을 함께하며 어린 시절을 함께 보낸 친구가 있다. 그런데 어렸을 때부터 친구를 사귀는 데 어려움을 겪는 아이들이 있다. 이런 경우 부모가 적절한 충고를 해주면서 이끌어주면 쉽게 상황이 바뀔 수 있다. 부모가 모든 친구 관계를 마음대로 통제할 수는 없지만 좋은 교제를 할 수 있도록 격려하고 도울 수는 있다.

아이들은 친구들과 함께 놀면서 우정을 쌓는다. 부모는 아이가 친구들과 잘 지낼 수 있도록 격려해주어야 한다. 두 명의 자녀를 둔 부부가 새로운 지방으로 이사를 갔다. 부부는 주위의 반대에도 불구하고 이사를 하자마자 아이들을 여름 캠프에 보냈다. 새로운 친구를 사귈 기회를 빨리 만들어주고 싶었던 것이다. 아이들은 밝은 표정으로 캠프에서 돌아왔다. "엄마, 여름 캠프를 함께 보낸 친구들이 새 학기가 시작되면 함께 학교에 가자고 했어요!" 큰아들의 말에 엄마가 기뻐하며 말했다. "여름 캠프에서 새로운 우정을 만들었구나! 캠프에 가지 않았다면 학교에 가기 전까지 친구를 한 명도 못 만났을 거야."

아이한테 선택권을 맡겨야 하는 일 중 하나가 친구를 고르는 일이다. 아이가 나쁜 친구와 사귀는 걸 바라는 부모는 없다. 그러나 아이가 위기 상태에 빠졌을 때가 아니라면 좋은 친구와 나쁜 친구를 판단하는 기준은 아이한테 맡겨야 한다.

어느 집 아이가 걸핏하면 말다툼을 걸고 생활습관도 별로 좋지 않은 친구를 사귀게 되었다. 이 친구는 허락도 받지 않고 남의 집 냉장고에서 음식을 마음대로 꺼내먹었다. 아이의 엄마는 새로 사귄 친구에 대해 몇 마디 충고는 했지만 함께 어울리지 말라는 말은 하지 않았다. 시간이 조금 지나자 아이는 스스로의 판단에 의해 그 친구와 어울리지 않게 되었다. 아이가 다른 친구를 집에 데려오자 엄마는 이렇게 말했다.

"새 친구를 데려오다니 정말 기쁘구나."

어떻게 우정을 쌓는 것인지 배울 수 있도록 부모가 나서서 모임을 만들어주거나 친구의 생일을 챙겨주는 것도 좋다. 하지만 무엇보다 중요한 것은 가정에서부터 다른 사람의 의견에 귀를 기울이고 관심을 가지는 법을 배우는 것이다. 친구를 존중하고, 어려운 일을 돕는 마음을 가지는 것이 좋은 우정을 쌓는 방법이다.

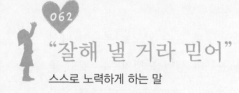

"잘해 낼 거라 믿어"

스스로 노력하게 하는 말

일이 바빠서 아이와 함께 많은 시간을 보내지 못하는 아버지가 있었다. 오래간만에 아이와 함께하게 된 아버지는 이렇게 말했다.

"너한테 일일이 신경 쓰지 못하는 것은 바쁜 탓이기도 하다. 하지만 나는 네가 스스로 알아서 노력하는 아이라고 믿기 때문에 그렇게 한 거란다. 나는 항상 네가 잘 해낼 거라고 믿는다."

사실 이 아이는 초등학교에 입학하고 나서도 그 전처럼 놀기에만 바빴다. 그런데 신뢰에 가득 찬 아버지의 말을 듣자 창피한 마음이 들었다. 그 이후 아이는 예전처럼 무턱대고 놀기만 하지 않고 열심히 공부하고 올바르게 행동하기 위해 노력했다.

부모 자식 사이의 갈등은 대개 공부 문제로 불거지는 경우가 많다. 부모의 눈에는 기대를 만족시키지 못하는 아이의 성적만 보이고, 아이의 귀에는 성적이 나쁘다고 하는 잔소리만 들리기 때문이다. 부모는 아이가 해야 할 첫 번째 일이 공부라고 생각하고, 아이는 공부는 뒷전이고 노는 것이 하루의 목표이다.

아이들이 가장 많이 듣는 말이 "얼른 가서 공부해!" 일 것이다. 그러나 공부가 아이의 건강이나 행복보다 중요한 것은 아니다. 어른들도 한때 놀기 좋아하는 어린 시절을 보냈던 것을 기억해서 아이의 마음을 충분히 이해해줘야 한다. 열심히 놀면서 건강하게 자라는 것은 공부만큼이나 중요한 일이다. 잘 놀아야지 공부에 집중할 정신력과 체력도 생긴다. 놀이는 정신적인 긴장감을 풀어주고 체력을 키워준다. 따라서 무조건 공부를 하라고 몰아세울 것이 아니라 아이를 격려하고 애정 어린 관심을 표현해야 한다.

잔소리 때문에 아이가 공부 자체를 싫어하게 되길 바라는 부모는 없을 것이다. 애정 어린 말을 한마디도 듣지 못한 채 매일 공부하라는 말만 듣게 된다면 아이들은 지긋지긋하다고 느낄 것이다. 또는 부모가 공부밖에 모르고 자기한테는 조금도 관심이 없다고 생각할지 모른다.

아이가 공부에 흥미를 가지게 하려면 우선 잘할 수 있다는 확신을 심어줘야 한다. 그런 다음 자기 수준에 맞게 공부할 수 있도록 도와야 한다. 지칠 때까지 공부를 하도록 압박해서는 안 된다. 자신을 믿어주는 부모의 따뜻한 관심이 있으면 아이는 공부 때문에 받는 스트레스를 자연히 해소할 수 있다.

공부를 하도록 아이를 격려하는 방법은 아이의 특성이나 상황에 따라 달라야 한다. 놀기 좋아하고 장난기 많은 아이는 자연스럽게 공부 할 수 있는 분위기를 유도해야 한다. 이를테면 아이가 너무 많이 놀아서 지쳤을 때 "잠시 쉬면서 숙제를 해. 그러고 나면 홀가분하게 놀 수 있을 거야." 이렇게 말하는 것이다.

늘 공부만 하는데도 성적이 나쁘고 내성적인 아이는 부모가 밖으로 데리고 나가 다른 친구들과 함께 놀 수 있게 해줘야 한다. 이런 아이에게는 공부 때문에 받은 심리적 부담을 덜어낼 기회가 필요하다. 공부를 마치면 "이제 나가서 놀아. 머리를 좀 비워야 새로운 걸 담을 자리가 생기거든."

이렇게 말해 보자. "노는 것도 공부하는 것도 둘 다 필요한 일이야. 공부도 즐겁게 해야지 필사적으로 파고들기만 하면 지친단다." 이런 말도 좋을 것이다.

때로는 부모의 말 한마디가 아이 인생에 생각지도 못한 놀라운 변화를 불러일으킨다. "넌 당연히 할 수 있어. 네가 충분히 해낼 거라 믿는다."는 말은 아이의 가치와 능력에 대한 긍정적인 평가이다. 이런 평가만으로도 아이는 자신의 목표를 위해 열심히 달려 나갈 힘을 얻는다. 좋은 말이든 나쁜 말이든 부모의 말은 아이의 인생에 큰 영향력을 끼친다. 무심결에 하는 말이라도 부정적인 말은 피해야 한다.

믿음 속에서 자라는 아이는 자신감이 충만하다. 아침마다 잔소리를 하며 이것저것 물건을 챙겨줘도 어쩌다 빠뜨리는 준비물이 생기기 마련이다. 그럴 바에는 아이의 능력을 믿고 혼자 물건을 챙기게 맡기는 게 낫다. 잔소리는 자신감을 잃게 만들 뿐이다.

부모의 믿음은 아이의 잠재력을 이끌어내 힘든 일을 극복하고 정상에 도달하게 해준다. 신뢰를 받는 사람은 보이지 않는 거대한 힘이 등 뒤에서 자신을 지탱해주고 있다고 느끼게 된다.

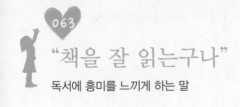

063

"책을 잘 읽는구나"

독서에 흥미를 느끼게 하는 말

아이가 책 읽는 것을 쉽고 재미있게 여긴다면 독서 욕구를 채워주자. 매일 여러 권의 책을 읽어주고, 일정 시간 동안 독서하는 습관을 길러줘야 한다.

우선 아이가 재미있어하는 책을 선택하는 일이 중요하다. 그림으로 아이들의 흥미를 끄는 책이 좋다. 대부분의 아이는 동물 그림을 좋아하고, 자신이 익숙한 사람이나 사물이 나오는 그림에 관심을 가진다. 아이들은 그림이 많고 글자가 적은 책을 좋아한다. 그림은 알아보기 쉬운 형태이고 지나치게 세부적인 묘사가 없는 것이 좋다.

아이들은 동화책을 통해서 간접적으로 세상을 배울 수 있고, 현실과 환상의 차이를 인식하게 된다. 아이들이 알아야 할 지식을 책으로 먼저 접하는 것도 좋다. 이런 독서 경험은 추상적이고 창의적인 생각을 키워준다.

아이들은 집중력이 부족하기 때문에 책의 분량은 적은 것이 좋다. 문장은 쉽게 쓰인 책이 좋다. 글자가 크더라도 어려운 단어가 사용되거나 장문으로 쓰인 경우도 있다. 부모는 미리 책을 훑어보고 아이가 쉽게 이해할 수 있는 내용인지 살펴보아야 한다.

책을 읽어줄 때는 최대한 편안하고 즐거운 분위기를 만들어야 한다. 이때 손으로 글자를 가리키는 정도는 괜찮지만 아이한테 억지로 글자를 읽어보라고 강요하는 일은 하지 말아야 한다. 책 속의 그림을 유심히 살펴보게 하거나 다음 페이지에서 어떤 일이 일어날지 상상해 보라고 해도 좋다. 즐겁게 책 읽기를 마친 다음에는 "책을 참 잘 읽는구나." 하고 칭찬해주자.

아이가 원하는 책은 몇 번이고 반복해서 읽어줘도 좋다. 아이가 어떤 종류의 책을 좋아하는지 살펴보면 평소 아이가 무엇에 관심을 가지고 있는지도 알 수 있다. 새 책을 사줄 때는 이미 읽은 책의 내용과 중복되는 부분이 있는 것을 선택하자.

아이가 책을 읽고 싶다는 의사를 분명히 표현할 때, 부모는 아이가 잘 아는 책이나 쉽게 읽을 수 있는 책을 골라주면 된다. 이미 내용을 달달 외우는 책이라도 괜찮다. 나중에 다른 책을 고르더라도 그 책에서 익힌 단어는 척척 읽어낼 수 있다. 아이가 혼자 책을 읽어낼 만한 수준이 되었다고 해서 부모가 책 읽어주는 일을 그만둬서는 안 된다. 함께 책을 읽으면서 부모와 아이는 친밀감을 높일 수 있다.

아이가 책 읽는 습관을 기르도록 책장을 잘 정리해두자. 다양한 종류의 책을 구비해 놓는 것이 좋고, 아이 손이 잘 닿는 아래쪽 책꽂이를 이용해서 아이들이 쉽게 책을 꺼내볼 수 있게 하자. 아이들이 책을 더럽히지 않고 소중히 대할 때마다 칭찬해준다.

책을 끝까지 읽은 것만으로 할 일을 다 했다고 생각하거나 그 내용을 다시 떠올리는 것을 귀찮게 여기는 경우도 있다. 하지만 부모가 책 내용에서 재미있는 것이 무엇이냐고 물으면 아이는 자신의 생각과 느낌을 말할 수 있다. 그때 "책을 참 잘 읽는구나."라고 칭찬해주면 책에 대한 흥미를 키워줄 수 있다. 책 내용을 떠올리다 보면 새로운 생각과 의문이 생겨나기도 한다. 그럴 때는 함께 얘기를 나누면서 진지하게 책을 읽었다고 칭찬해주고, 그런 과정을 통해

지식이 넓어진다고 얘기해주자. 아이가 먼저 책 내용에 대해 얘기를 꺼내면 충분히 말할 기회를 준 다음에 적절한 질문을 던지자. "궁금한 게 뭐야? 새로운 걸 발견했니?" 이런 질문은 아이의 관찰력과 탐구심을 키워준다.

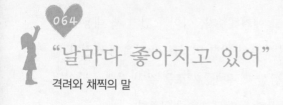

064

"날마다 좋아지고 있어"

격려와 채찍의 말

주주는 방과 후 집으로 돌아오자마자 책가방을 휙 던져놓고는 텔레비전을 켰다. 저녁 식사 준비를 하고 있던 엄마는 아들의 그런 행동에 화가 났다. "넌 만화영화밖에 볼 줄 모르니? 숙제는 없어? 동생을 좀 봐라. 집에 오자마자 숙제를 하더니 지금은 엄마를 도와주겠다며 심부름을 하러 갔어. 하는 일로 봐서는 누가 형이고 누가 동생인지 모르겠다." 주주도 화를 내며 소리쳤다. "알았다고요. 뭐든 동생이 최고죠. 애초에 저는 왜 낳았어요?" 주주는 도무지 알 수가 없었다. '똑같은 자식인데 왜 동생은 매일 칭찬받고 나는 꾸중만 듣는 걸까? 나는 정말 쓸모없는 사람일까?' 그날 엄마의 말은 주주에게 큰 상처가 되었다.

며칠 뒤 주주는 집에 돌아오자마자 서둘러 숙제를 했다.

엄마는 주주의 작은 변화를 보고 몹시 기뻐하며 말했다. "애야, 점점 좋아지고 있구나. 정말 기쁘다." 사실 그날은 수업이 조금 일찍 끝나서 텔레비 전에서 만화 영화를 시작할 시간이 안 됐던 것뿐이었다. 주주는 왠지 부끄러운 마음이 들었다. 그날 이후 주주는 텔레비전을 보는 시간을 줄이고 가끔씩 엄마를 도와 바닥 청소를 하기도 했다.

다른 집 아이가 무얼 잘했는지 궁금해하지 말고 우리 아이가 얼마나 발전했는지 애정 어린 시선으로 바라보자. 아이들은 다듬지 않은 옥과 같아서 누구나 인재가 될 가능성을 가지고 있다. 옥을 다듬어서 눈부시게 빛나게 하는 것은 부모의 손에 달려 있다.

사람은 모두 다르다. 형제도 성격이나 능력, 소질이 각각이다. 어떤 방면에서는 남보다 뒤처지는 것 같은 아이가 다른 면에서는 뛰어난 재능을 보이기도 한다. 노는 것을 좋아해도 예의 바른 아이가 있고, 머리가 별로 좋지 않아도 열심히 노력하는 아이가 있으며, 사교성은 좀 떨어져도 꼼꼼하고 독립심이 강한 아이도 있다. 아이의 단점만 붙잡고 앉아 한숨을 쉬기보다는 장점을 발견하고 칭찬을 하는 것이 좋다.

어른의 눈에 비친 기준으로 아이를 섣불리 판단하는 것은 옳지 않다. 아이의 재능은 예상외의 방면에서 나타날 수도 있고, 가능성을 보여주는 미묘한 표현을 일일이 알아차릴 수 없을 때도 많다. 아이에 대해 정확하게 이해하지 못한 상태에서 쉽게 결론을 짓는 것은 어리석은 일이다.

"날마다 좋아지고 있어."라는 말은 자라나는 아이들, 특히 눈에 띄게 잘하는 것이 없어 보이는 개구쟁이한테 좋은 채찍의 말이다. 아이는 어떤 대우를 받는지에 따라 전혀 다른 사람이 될 수 있다. 격려의 말을 들은 아이는 마음의 부담을 덜고 예상 외의 성과를 보여주기도 한다. 아이를 바꾸고 싶다면 부모가 자신의 소망에 맞게 시시때때로 적절한 격려를 해주어야 한다.

065

"좋은 일을 하려고 했구나"

훌륭한 일을 해냈다고 인정하는 말

어떤 아이가 의기양양하게 집으로 돌아와서 흥분한 목소리로 말했다. "엄마, 오늘 선생님한테 칭찬받았어요. 이웃을 도와서 눈을 치운 일을 작문 숙제로 써냈거든요. 선생님이 제 글이 엄청 잘 쓴건 아니지만 훌륭한 행동을 했다고 칭찬하셨어요. 친구들한테 제 글을 읽어주셨어요!" 엄마는 기뻐하며 아이를 칭찬했다. "남을 돕는 것은 마땅한 일이지. 착한 일을 하려는 마음이 있었구나!"

아이가 남을 도우면 마땅히 칭찬하고 그 일을 격려해야 한다. 아이들은 스스로 나서서 학습 진도가 뒤처지는 친구의 공부를 돕거나 학교생활에 어려움을 겪는 친구의 문제를 해결하기도 한다. 또 자발적으로 길에 버려진 휴지를 줍거나 공공장소에서 노인에게 자리를 양보하고, 어린 친구

를 돌봐주기도 한다. "좋은 일을 하려고 노력했구나!"라는
말은 아이가 남을 돕는 행동을 계속해나가도록 격려한다.

천성적으로 아이들은 놀기를 좋아해서 자신이 해야 할 일
에 집중하지 않거나 대충 끝내버릴 때가 많다. 아이가 자신
의 일에 진지하게 임한다면 "잘하려고 노력하는구나. 그런
모습이 보기 좋다" 하고 칭찬해주자. 그런 말을 듣게 되면
아이의 습관은 점점 더 좋아질 것이다.

매일 아침 늦게 일어나서 허둥지둥 옷을 갈아입는 아이가
있었다. 아이의 엄마는 "5분만 일찍 일어난다면 그렇게 정
신없이 옷을 입지 않아도 되잖니."라고 말했다. 그래도 아
이의 습관은 달라지지 않았다. 하루는 평소처럼 허둥대며
옷을 입다가 양말을 짝짝이로 신고 가게 되었다. 아이는 이
일로 친구들의 놀림을 받게 되었다. 그날 이후 아이는 엄마
말대로 5분 일찍 일어나서 등교 준비를 했다. 아이의 변화
된 모습을 보고 엄마는 기뻐하며 말했다. "잘하려는 마음이
있었구나! 참 좋아."

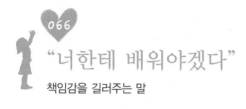

066

"너한테 배워야겠다"

책임감을 길러주는 말

책임감이란 말과 행동의 결과가 사회적으로 어떤 가치를 가지는 스스로 판단하고, 그에 따른 감정을 체험하는 일이다. 책임감은 자신의 행동 때문에 안 좋은 결과가 생겼을 때는 반성하고, 목표를 이루기 위해 스스로 격려하고 채찍질하게 만든다. 아이가 어떤 능력을 가지고 있다면 그에 상응하는 책임감이 따라야 한다.

아이들은 재미있는 일에만 몰두하려고 하기 때문에 맡은 일을 대충 끝낼 때가 많다. 아이가 맡은 일을 책임지게 하기 위해서는 확실하게 지시를 내리고, 일의 결과에 대해 분명하게 설명해줘야 한다. 예컨대 아이가 야채를 잘 씻으면 "나보다 낫구나. 너한테 배워야겠어!" 하고 칭찬해주고, 반대로 그 일을 대충 하고 있으면 "깨끗이 씻지 않으면 먹을 수 없어. 더러운 걸 먹으면 배가 아플 거야." 하고 말해주어야 한다.

열 살짜리 소녀가 오래전부터 자기 집 쓰레기를 내다 버리는 일을 전담하고 있었다. 다섯 살 때 이 아이는 청소부가 방울 소리를 울리며 지나가면 얼른 쓰레기통을 들고 나갔다. 쓰레기 버리는 일이 무척 재미있어 보였던 것이다. 아이의 부모는 이때를 놓치지 않고 아이한테 부지런히 집 안일을 도와주어서 고맙다고 칭찬을 했다. 다른 사람들 앞에서도 "정말 잘했다. 너한테 배워야겠어!" 하고 말했다. 그러자 아이는 자부심을 가지고 쓰레기 버리는 일을 맡게 되었고, 그 일에 강한 책임감을 가졌다.

샤오디의 엄마는 몸을 씻고 난 뒤에 입었던 옷을 세탁기에 넣으라고 시켰다. 샤오디는 번번이 엄마 말을 잊어버렸다. 엄마는 작은 수첩을 아이한테 주면서 씻은 뒤 해야 할 일을 꼼꼼히 적게 했다. 그 이후 샤오디는 수첩에 적어 놓은 지시 사항을 빠짐없이 해냈다. 그때마다 엄마는 "샤오디, 너 정말 어른보다 낫구나. 엄마도 너한테 배워야겠다." 하고 말했다. 얼마 뒤 샤오디는 할 일을 적어 놓은 수첩 없이도 자기 할 일을 척척 해내게 되었다.

아이가 책임감을 느끼게 하려면 시도 때도 없이 잔소리를 하는 것보다는 스스로 할 일을 챙길 수 있는 방법을 찾고, 그 일을 해냈을 때마다 칭찬해주는 것이 효과적이다. 그렇게 하면 아이는 자신감을 키울 수 있고, 자기 행동을 책임지는 법을 배우게 된다.

아이가 친구의 장난감을 망가뜨렸다면 반드시 그 일을 책임지게 해야 한다. 설사 그 장난감이 하찮은 것이더라도 그냥 넘어가서는 안 된다. 아이는 자신이 저지른 일에 대해 책임을 져야 하고, 상대방은 보상을 받아야 한다. 이렇게 해야 잘못된 행동에는 책임이 따른다는 진리를 배울 수 있다. 또한 자신이 말한 것은 지켜야 하고, 모든 행동에는 결과가 따른다는 것을 부모가 먼저 보여줘야 아이의 모범이 될 수 있다.

067

"다음에는 더 잘할 거야"

실패를 위로하는 말

케이시는 집으로 돌아오자마자 시험을 망쳤다면서 울음을 터뜨렸다. 엄마는 딸의 모습이 걱정스러웠다. 아이가 너무 나약해서 작은 시련도 감당 못 하는 것처럼 보였다. 엄마는 아이가 상처받지 않도록 위로를 했다. "괜찮아! 이번 시험은 못 쳤지만 다음 시험이 있잖니. 넌 달라질 거야. 우선은 네가 왜 시험을 망쳤는지 살펴보자." 케이시는 슬퍼하며 대답했다. "국어는 문장을 잘 이해하지 못했어요. 수학은 실수로 틀린 문제가 많고요." 엄마는 아이의 눈물을 닦아주며 말했다. "이제라도 엄마랑 바로 고쳐보자."

두 사람은 국어 시험지를 펼쳐놓고 몇 번씩 반복해서 문장을 읽었다. 이어서 틀린 수학 문제를 다시 풀어보았다. 공부를 끝낸 뒤 엄마는 아이한테 우는 건 아무 소용없는 일

이라고 말했다. 그리고 조금만 더 열심히 하면 다음 시험
에는 반드시 좋은 성적을 얻을 거라고 격려해줬다.

아이들은 정신연령이 낮기 때문에 목표에 도달하지 못하
면 크게 실망한다. 실패가 거듭되고, 나쁜 평가를 받게 되
면 '나는 안 돼'라는 부정적인 감정이 쌓이게 되고 열등감에
빠진다.

좋은 부모라면 입장을 바꿔 놓고 아이의 상황을 고려할
수 있어야 한다. 아이의 흥미와 취미, 능력에 관심을 가지
고 꿈을 존중해주어야 한다. 무턱대고 너무 높은 기대를 하
거나 어른의 설계도에 따라 성장해 나가라고 요구해서는
안 된다.

실패를 받아들이는 자세도 어느 정도는 필요하다. 실패를
허용하지 않는 부모 밑에서 자라는 아이는 열등감에 빠지
기 쉽다. 실패의 경험은 다시 분발하는 계기가 된다. 실패
를 딛고 성공을 얻는 것이야말로 아이가 성숙해지는 과정
이다. 그런 과정을 통해 문제 해결 능력과 긍정적인 자세가
길러진다. 그러므로 아이가 실패했을 때는 "괜찮아. 다음에
는 더 잘할 수 있을 거야!"라고 말해 주면 된다.

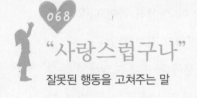

068

"사랑스럽구나"
잘못된 행동을 고쳐주는 말

위안위안은 주택가 공원에서 놀다가 다른 친구가 쥐고 있던 고무공을 빼앗았다. 공을 빼앗긴 친구는 땅바닥에 주저앉아 울음을 터뜨렸다. 위안위안의 엄마는 아이한테 다가가 야단을 쳤다. "얼른 고무공을 돌려줘!" 위안위안은 공을 빼앗기지 않으려고 저 멀리 달아났다.

엄마는 아이가 다시 돌아오기를 기다렸다. 얼마 후 위안위안은 혼자 노는 것이 재미가 없어서 다시 돌아왔다. 그러고는 울고 있던 아이한테 공을 돌려주고 함께 놀았다. 그 모습을 보고 엄마가 다가가 말했다.

"잘했다. 사랑스럽기도 하지."

"사랑스럽다."는 말은 제멋대로 구는 아이의 행동을 고치는 데 효과적이다. 위안위안은 엄마의 칭찬을 듣고 공을 돌려주지 않으려고 했던 것이 나쁜 행동이라는 것을 깨달았다. 부모의 칭찬 한마디가 아이 스스로 나쁜 행동을 깨닫게 한 것이다.

아이를 야단치면서 끝도 없이 부정적인 말을 내뱉는 부모도 있다. "넌 제멋대로야! 조금도 마음에 드는 구석이 없다." 이런 질책은 아이를 더욱 제멋대로 만들 뿐이다. 이런 말 대신 올바른 행동을 했을 때 "사랑스럽구나."라는 칭찬 한마디가 아이를 변화시킬 수 있다.

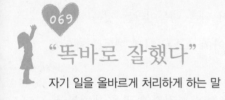

069

"똑바로 잘했다"

자기 일을 올바르게 처리하게 하는 말

중국 아이들과 미국 아이들을 비교하면 큰 차이점을 발견할 수 있다. 중국 아이들은 비교적 얌전하고 어른 말을 잘 듣는 편이다. 또 일찍 철이 드는 편이어서 일곱 살쯤 되면 어른처럼 말하고 행동한다. 반면 미국 아이들은 천진난만하고 상상력이 풍부하며 독립적이고 창의적이다.

중국은 예부터 옳고 그른 것을 가르치는 교육을 중요시했다. 어린아이라 할지라도 무엇이 옳은 일인지 따끔하게 가르쳐야 한다는 것이다. 그러나 옳고 그름의 기준이 어른의 잣대라는 것이 한계이다. 중국 아이들은 체벌을 두려워하고, 익숙한 환경의 범위 내에서 실수를 하지 않으려고 한다. 이런 방식은 아이의 상상력과 창의성을 키워줄 수 없다. 아이들은 새로운 세계에 도전하다가 실수를 하게 되면 혼이 날 것이라 생각한다.

사람은 누구나 자신만의 재능을 가지고 있다. 남들은 관심 없는 일에 각별한 애정과 흥미를 가지는 아이들도 있다. 이런 아이들은 자기 나름의 방식으로 어려운 일을 척척 해내기도 한다. 이때 총명한 부모라면 "똑바로 잘했구나." 하고 아이를 격려할 것이다. 하찮은 일이라도 한 번 만에 성공을 거두는 예는 없다.

또한 사람의 재능은 태어나자마자 빛을 발하지 않는다. 아이들은 어렸을 때부터 독립적으로 일하는 법을 배우고, 타고난 재능을 개발해가면서 천천히 성장한다. 부모가 아이의 잘못을 용납하지 않으면 그런 기회를 모두 잃어버리게 될 것이다.

어떤 사람이 미국 가정에서 보모로 일하게 되었다. 그런데 이 집 아이가 양초를 가지고 하얀 벽에 낙서를 했다. 이 사람은 아이의 잘못된 행동을 야단치고, 부모가 집으로 돌아오자마자 그 일을 일렀다. 그러자 아이는 보모가 자기를 자꾸 무시한다고 항변했다. 집주인은 아이의 버릇없는 행동을 사과하고 나서 앞으로는 그런 일로 아이를 야단치지 말라고 정중히 부탁했다.

집주인은 아이한테 어느 벽에 그림을 그렸는지 보여 달라고 했다. "잘 그렸구나. 그런데 앞으로는 벽에다 그림을 그리지 않는 게 좋겠어. 이렇게 하면 벽을 깨끗하게 청소하기 어렵단다. 흰 종이에다 그림을 그리렴." 아이의 엄마는 그렇게 칭찬을 한 뒤에 흰 종이를 아이한테 내밀었다. 아이는 즐거운 얼굴로 그림을 그리러 갔다.

잠시 뒤 아이가 그림을 그려오자 엄마는 기뻐하며 말했다. "우와! 벽에 그린 그림보다 이 그림이 훨씬 나은데? 똑바로 잘했구나." 그날 이후 아이는 그림 그리는 일에 더욱 흥미를 가졌지만 더 이상 벽에 낙서를 하지는 않았다.

070

"열심히 했다면 그걸로 됐어"

아이가 힘들어할 때 해주는 말

  윈윈은 열한 살에 불과하지만 여름 캠프 지도교사의 조수
로 일했다. 소녀는 세심하고 빈틈없이 일하면서도 누구에
게나 친절하고 공정했다. 윈윈의 엄마는 아이의 능력을 믿
었기 때문에 방학 내내 여름 캠프에서 지내는 일에 대해서
별다른 걱정을 하지 않았다. 그런데 오랜만에 전화를 걸어
안부를 물었더니 아이의 목소리가 밝지 않았다.

  "무슨 일이 있니?" 엄마의 말에 윈윈이 대답했다. "새로
온 지도교사가 직원들을 너무 엄하게 대해요. 오늘 아침에
는 정해진 시간에 대원들이 식사 장소로 집합하지 않았다
고 사람들 앞에서 저를 혼냈어요. 이제 대원들 앞에서 고개
도 못 들겠어요." 윈윈은 울어서 목도 쉰 것 같았다. 엄마는
무척 속이 상했다. "자기 일을 도와주는 조수를 그렇게 함

부로 대하다니! 내가 캠프 책임자한테 전화를 걸어서 이 일을 알려야겠다. 그 지도교사 혼이 좀 나야겠어! 만약 책임자가 아무 말도 하지 않는다면 당장 집으로 돌아와라." 엄마는 딸이 대원들을 집합시키지 못한 데에는 그만한 이유가 있을 거라고 믿었다.

그러나 엄마가 딸 앞에서 지도교사의 행동을 비난한 것은 그다지 도움이 되지 못하는 일이었다. 엄마는 상황을 정확하게 파악하지 못한 채 딸의 말만 듣고 성급한 판단을 내린 셈이다. 이런 태도는 딸이 자신의 행동을 되돌아볼 필요가 없다고 느끼게 하고, 모든 잘못을 지도교사의 탓으로 돌리게 만들 뿐이다. 두 사람의 사이가 나빠진다면 앞으로의 업무가 순조롭게 진행되기 어려울 것이다. 더구나 엄마가 직접 개입을 하게 되면 아이는 자신의 문제를 스스로 해결할 기회를 잃어버리게 된다.

부모는 자식의 일에 감정적으로 편을 들어서는 안 된다. 아이가 속상해한다면 먼저 따뜻하게 위로를 해주자. "얼마나 견디기 힘들었니? 이해한다. 마음을 조금 가라앉히고 다시 이야기하자." 그런 다음에 아이가 상황을 냉정하게 파악하고 자신의 잘못을 반성할 기회를 주어야 한다. 그런 다음 나쁜 상황이 개선될 수 있는 방향에 대해 충고해주는 것이 좋다. 다행히 윈윈은 엄마의 도움을 받지 않고, 방학이 끝날 때까지 캠프에서 맡은 일을 끝까지 잘 해냈다. 윈윈의 엄마는 무척 기뻐하며 말했다. "최선을 다했으니 그걸로 됐다."

아이에게 다양한 삶의 측면을 경험할 수 있는 기회를 주고, 그 속에서 겪는 문제를 혼자 힘으로 해결하게 해야 한다. 부모의 테두리 속에서 아이들이 원하는 현실만 접하게 하는 것은 도움이 되지 못한다. 아이들은 다양한 인간관계를 맺으며 사회 현실을 배울 수 있다. 부모는 아이가 올바른 인간관계를 정립할 수 있는 능력을 키워주어야 한다.

갈등이 있을 때 부모가 나서서 처리하거나 주제넘게 참견하는 일은 피해야 한다. 장점은 드러내고 단점을 피해갈 수 있도록 조언하면서 아이가 자신이 원하는 대로 인간관계를 맺어나갈 기회를 주어야 하는 것이다.

071

"바로 그렇게 하는 거야"

아이가 좋은 방법을 생각해냈을 때 하는 말

아이들은 장난을 심하게 치다가도 금세 조용하기도 하고, 툭하면 화를 내 거나 까닭 없이 고집을 부리기도 한다. 아이가 평소와 다른 모습을 보이며 말썽을 피우면 엄마 아빠는 미간을 찌푸리며 난감해한다.

차를 타고 여행을 하면 낯선 풍경을 수없이 만나는 것처럼 아이들의 몸과 마음이 성장하는 동안에는 끊임없이 낯선 상황을 접하게 된다.

취학 이전의 아이들에게 이런 낯선 행동은 성장의 과정에서 필연적으로 나타나는 일일 뿐이다. 아이들은 주위 세계를 탐색하고 이해해나가야 하며, 어떻게 하면 신체 각 부분을 자유자재로 활용할 수 있는지 배워야 한다. 보통 2~3세가 되면 아이들의 활발함이 최고조에 이른다. 신경계통이 성숙해질수록 아이들은 초조해하거나 불안해하지 않고 얌전해진다. 6세 아이는 4세 아이에 비해 좀 더 얌전하고, 8세가 되면 더 차분해진다.

부모는 아이의 왕성한 혈기를 분출할 곳을 마련해주어야 한다. 매일 시간을 내 운동장을 뛰어놀게 하거나 주말에 짧은 여행을 다녀오는 것도 좋다. 하지만 사람이 많고 복잡한 곳은 되도록 피하는 것이 좋다. 이런 곳에서는 아이가 더 산만해질 수 있다. 오랫동안 얌전히 있어야 하는 영화관이나 도서관에 가야 한다면 최대한 짧은 시간 동안 머무는 게 좋다.

부모는 아이의 '활발함'을 좋은 습관으로 만들어주어야 한다. 여건이 된다면 아이 스스로 주인이 되어 집안일을 이끌어보게 하는 것도 좋다. 아침에 일어나 무슨 옷을 입을지, 식사는 밥으로 할지 빵으로 할지 등을 스스로 결정하게 하는 것이다. 아이가 올바른 결정을 내리고, 그 일을 잘 해내면 "맞아, 바로 그렇게 하는 거야!" 하고 칭찬해준다.

수줍음이 많은 아이를 야단치거나 자신의 의견을 잘 표현하지 못하는 아이한테 생각을 강요하는 것은 지양해야 할 일이다. 생각을 말하거나 어떤 일에 흥미를 가지는 것, 또는 어떤 일은 하기 싫다고 말하는 것 역시 아이의 자유다. 친구 집에서 열리는 파티에 아이를 보내고 싶다면 먼저 우리 집에 친구들을 초대해서 아이가 그런 자리에 익숙해지게 하자. 무용반 활동이나 만들기 수업 등 아이가 흥미를 보이는 영역이 있으면 적극적으로 참여할 수 있도록 격려해야 한다. 아이의 생각을 존중하고, 아이가 관심을 가지는 활동을 파악해서 이끌어주자. 그렇게 하면 아이는 신이 나서 그 일을 해내기 위해 노력할 것이다.

아이가 모든 단체 활동을 거부하거나 집밖에서는 한마디도 하지 않고 학교에 가는 걸 싫어한다면 더욱 주의해서 살펴보아야 한다. 때로는 불면증이나 헛구역질 같은 신체 반응을 동반할 수도 있다. 걱정과 두려움에 사로잡혀 일상생활에 지장을 받으면 반드시 전문가를 찾아 가 치료를 받아야 한다. 부모는 제때 도움의 손길을 내밀어서 위기를 극복할 수 있도록 도와야 한다.

072

"이렇게 빨리 생각해 내다니 대단해"

깊이 생각하는 아이를 만드는 말

외동아들 순타오는 엄마 아빠의 사랑을 한 몸에 받고 자랐다. 부모님은 아들의 교육에 관심이 많았다. 아버지는 순타오와 함께 공원에 나가거나 들판을 산책하면서 대중적이고 이해하기 쉬운 노래를 가르쳐주었다. 그런 노래를 통해 여러 가지 지식을 전달하고 싶었던 것이다.

어머니는 순타오가 두 살이 되었을 때부터 매일 수업을 하듯이 여러 가지 이야기를 들려주었다. 처음에는 짧은 이야기를 들려주고, 점점 이야기 분량을 늘려나갔다. 또 장편 소설을 여러 회로 나눠서 들려주듯이 매일 일정 분량을 얘기하다가 결정적인 순간에서 멈추기도 했다. 순타오는 다음 이야기가 궁금해서 혼자 추측을 해보거나 할머니한테 쪼르륵 달려가서 뒷부분을 알려달라고 조르기도 했다. 다음날 어머니가 이야기를 시작하기 전에는 전날까지 들은 내용의 줄거리를 간략하게 말하게 했다. 아들이 줄거리를 말할 때마다 엄마는 "그렇게 빨리 생각해 내다니 대단하구나!" 하고 칭찬해주었다.

전문가들은 아이의 사고력을 키워주기 위해서 '생각할 수 있는 가정환경'을 만들어 주는 것이 중요하다고 말한다. 똑똑한 아이의 경우에는 오히려 깊이 생각하지 않고 자신의 의견을 금방 말해버릴 때가 많다. 그런 아이일수록 부모가 진지하게 생각할 수 있는 기회를 만들어 주어야 한다.

마이크로소프트를 설립하고 전 세계 컴퓨터와 인터넷 산업을 이끌어온 빌 게이츠는 어린 시절부터 혼자서 깊은 생각에 빠질 때가 많았다. 가족들이 모두 외출 준비를 하면서 빌의 이름을 부르면 이 아이는 "난 지금 생각하는 중이에요." 하고 대답하곤 했다.

빌의 부모는 아들의 천부적인 재능을 알아보고 어린 시절부터 좋은 환경을 만들어주기 위해 노력했다. 두 사람은 아들에게 도움이 될 만한 모임과 학교를 찾기 위해서라면 여러 고생을 마다하지 않았다. 빌의 어머니는 독특하고 다양한 교육방식으로 아들의 상상력을 자극하고, 사고력을 키워주었다.

그녀는 자신이 좋아하는 여러 종류의 보드게임을 아들에게 가르쳐주고 함께 게임을 했다. 아들이 좋은 수를 찾아낼 때마다 "그렇게 빨리 생각해 내다니 대단한걸!" 하고 박수를 쳐주었다. 공원을 산책할 때면 체스 기술이나 문학 작품에 대한 얘기를 나누면서 아들이 독창적이고 통찰력 있는 견해를 가지도록 도왔다.

아이에게 독립적인 사고 습관을 길러주는 일은 빠르면 빠를수록 좋다. 아이들은 기상천외한 생각을 많이 한다. 그럴 때 부모는 아이의 생각을 적극적으로 받아주고 적절한 질문을 던지기도 해야 한다. 아이를 데리고 박물관에 가거나 함께 책이나 영화를 본 뒤 얘기를 나누는 것도 좋다.

어린아이들도 자신만의 견해가 있다. '생각할 수 있는 가정환경'을 만들면 아이의 사고력을 한 단계 더 키워줄 수 있다. 아이가 어떤 사물에 관심을 가지면 그것의 장단점과 매력, 가치 등에 대해서 얘기를 나눠본다. 어떤 사건에 대한 주제가 나오면 단기, 중기, 장기적으로 나눠서 그 일의 결과에 대해 생각해보게 한다.

사고력이 깊어지면 학교에서 배운 단편적인 지식들을 종

합해서 새로운 결과를 도출할 수 있다. 부모는 깊이 생각할수록 많은 답을 찾을 수 있는 문제를 던져주어야 한다. 또 자신의 생각을 표현할 때는 정확한 어휘를 사용하여 오해 없이 의견을 전달하는 방법을 가르쳐야 한다. 끝으로 자신이 몰두하는 문제에 대해서 다각도로 살펴보고, 관련된 책이나 영화, 신문 등을 찾아볼 수 있다면 사고력을 기르는 데 큰 도움이 될 것이다.

073

"네 마음을 알아"

이해와 양해가 필요한 아이에게 하는 말

여섯 살 난 소녀 잉잉이 엄마한테 깜짝 놀랄 이야기를 들려주었다. "엄마, 남자아이들이 저를 놀리면 어떻게 하는지 아세요? 그 애들 앞에 치마를 번쩍 들어 올려요. 그러면 다들 깜짝 놀라서 도망가요." 엄마는 그 말을 듣고 기겁을 하며 아이를 혼냈다.

잉잉은 자신이 큰 말실수를 했다고 생각했고, 그 일에 대해서 더 이상 아무 말도 하지 않았다. 엄마는 아이의 솔직한 얘기를 들을 기회를 잃어버린 것을 후회했다.

부모는 아이가 시시콜콜한 것까지 다 얘기해주길 바란다. 아이의 일상과 생각을 알지 못하면 도울 방법이 없기 때문이다. 아이가 신이 나서 얘기할 때 부모가 나서서 먼저 결론을 내리면 안 된다. 중간에 하고 싶은 말이 있어도 계속

이야기를 들으면서 "그렇구나, 네 마음을 알 것 같다." 하고 맞장구쳐주는 것이 좋다. 이야기가 끝난 후에도 문제 해결 방법을 제시하지 말고 스스로 찾아내도록 유도해야 한다. 이런 식으로 하면 아이의 자신감이 커지고 자의식도 성장한다.

아이가 성장할수록 부모는 아이의 무대 뒤에 서 있어야 한다. 물론 아이가 손을 내밀 때는 그 손을 잡아주어야 한다. 이렇게 하면 아이는 부모를 높은 곳에서 내려다보는 어른이 아니라 믿고 의지할 수 있는 친구로 여기게 된다.

대개 "애야, 엄마랑 얘기 좀 하자."로 시작되는 대화는 어른의 일방적인 잔소리로 끝나는 경우가 많다. 아이와 함께 나들이를 갔다가 집으로 돌아오는 길에, 혹은 주말에 함께 집안일을 하면서 쉴 새 없이 재잘거리는 아이를 곁에 두었을 때 아이의 속마음을 들을 수 있다. 아이와 소통하고 싶다면 스트레스 없이 대화를 나눌 수 있는 기회를 많이 만들어야 한다.

부모가 먼저 이것저것 물으면 아이는 그 질문의 목적을 의심할지 모른다. 그럴 바에는 차라리 간적접인 이야기를 아이한테 들려주는 게 낫다.

아빠가 돌아가신 뒤 큰 상심에 빠진 딸을 걱정하는 엄마가 있었다. 아이를 위로해주고 싶었지만 그런 얘기를 꺼내려고 할 때마다 아이는 굳게 입을 다물어버렸다. 결국 이 엄마는 정신과 의사를 찾아가 상담을 했다. 의사는 아이의 감정에 대해 자꾸 물어보지 말 것을 제안했다. 대신 남편에 대한 자신의 감정을 먼저 털어놓고, 온 가족이 함께했던 즐거운 순간을 얘기하면서 "네 마음을 알 것 같다."라고 말해주라고 했다. 의사의 말대로 하자 아이는 마음의 문을 열고 엄마의 아픔을 덜어 주기 위해 노력했으며, 혼자 슬픔에 빠져 있지 않았다.

아이들은 종종 어른들을 화나게 하거나 실망하게 하는 말을 내뱉기도 한다. 아이와 대화를 나눌 때는 감정 조절을 잘해야 한다. 예를 들어 아이가 학교 축구팀에 선발되지 못했다는 말을 들으면 실망감이 들 테지만 겉으로 서운한 감정을 드러내서는 안 된다. 아이들은 부모가 자신에게 실망하는 일을 싫어하기 때문이다. 그런 일을 경험한 아이는 좋은 일만 얘기하고 나쁜 소식은 전하려 하지 않을 것이다.

만약 아이한테 실망스러운 이야기를 들었다면 심호흡을 하고 감정을 가라앉히는 것도 좋은 방법이다. 그런 뒤 "무슨 일이 있었어? 너는 왜 선발되지 않았니?" 하고 차분히 물어본 다음 "네 마음을 알 것 같아." 하고 아이를 위로해 주자. 민주적인 가정환경에서 자란 아이들은 먼저 자기 마음을 표현한다.

아무리 부모와 친밀한 아이라도 자신만의 비밀을 한두 개쯤 가지고 있다. 청소년 시기가 되면 아이는 부모와 점점 더 멀어진다. 그 시기가 닥치면 자연스럽게 아이에 대한 기대치를 낮춰서 어릴 때처럼 미주알고주알 자기 얘기를 다 해주길 바라지 않아야 한다. 단지 필요할 때면 언제든지 부모가 곁에 있다는 믿음만 주면 된다.

074

"완벽한 사람은 없어"

소심한 아이를 격려하는 말

비 오는 날 길을 걸으면 바지와 신발이 젖기 마련이다. 대다수는 거기에 별로 신경을 쓰지 않고 제 갈 길을 간다. 그런데 한 여자아이가 신발에 진흙이 묻을까 봐 조바심을 내며 한 걸음 한 걸음 걷고 있었다. 중학교에 다니는 바이룽은 작은 키에 허약해 보이는 몸집이었다. 소녀는 병원 로비에 들어선 뒤에도 몇 번이나 바짓단을 살펴보고, 신발에 묻은 물기를 휴지로 닦았다.

몇 달 전부터 바이룽은 정신과 상담을 받고 있었다. "저는 제가 최고라고 생각했어요. 하지만 지금은 최악인 것 같아요." 아이는 시내 명문 중학교에서 전교 1등을 하는 우등생에다가 무슨 일이나 재능이 많다는 말을 듣고 자랐다. 그런데 1년 전 함께 1, 2등을 다툴 만큼 성적이 우수한 친구가 전학을 왔다. 선생님은 두 아이를 아끼는 마음에서 성적이나 품행, 문제 해결 능력 등을 비교하면서 선의의 경쟁을 시켰 다. 바이롱은 그 친구를 이기고 싶었지만 언제나 우열을 가리기가 힘들었다. 시간이 지날수록 바이롱은 괴로워졌다. 이제는 그 친구의 옷차림이나 화장품, 걸음걸이 같은 데에도 신경이 쓰이기 시작했다. 무슨 일을 하든 "그 애는 어떻게 했을까? 나보다 더 잘했을까?" 하는 생각이 머릿속에서 떠나지 않았다.

정신과 의사는 바이롱이 그런 문제를 안게 된 것이 그녀의 어머니 탓이라고 진단했다. 바이롱의 어머니는 사사건건 아이의 일에 간섭하고, 아이가 혼자 처리하고 싶어 하는 일도 미리 나서서 해결해 놓았다. 그녀의 어머니는 아이의 모든 것을 지배하고 싶어 했다. 수시로 아이의 결점을 들춰내고, 별것 아닌 일에서도 항상 일등을 해야 한다고 강조했다. "바이롱은 아무래도 자아를 잃어버린 것 같아요." 정신과 의사는 안타까워하며 말했다. 남보다 뭐든지 잘해야 한다고 생각했던 바이롱은 결국 열등감과 자괴감에 빠지고 말았다. 소녀의 마음이 건강해지려면 오랜 시간이 필요할 것이다.

6월 1일 국제 어린이날 먀오먀오의 엄마는 다섯 살 난 딸과 그보다 어린 조카에게 작은 선물 주머니를 하나씩 주었다. 노란색 주머니를 받은 먀오먀오는 울음을 터뜨렸다. 그러더니 자기 손에 쥐고 있던 주머니를 바닥에 내동댕이치고 사촌 동생의 주머니를 빼앗았다. 먀오먀 오의 어머니는 주머니 두 개를 나란히 손에 들고 그 안에 똑같은 캐러멜이 들어 있다는 것을 보여주었다. 먀오먀오는 그제야 분이 풀린 듯한 표정이었다. 그녀의 어머니는 딸이 몹시 걱정됐다. '어린 나이에 저렇게 질투심이 강하다니……'

세 살 때 먀오먀오는 집에 전자오르간이 있는데도 사촌 동생의 피아노가 부러워서 몇 날 며칠 짜증을 냈다. 사촌 집에 가서는 기계를 고장 내는 벌레 같은 게 있다면 피아노 속에 집어넣고 싶다고 말하기까지 했다. 그때 어른들은 아이의 뒤틀린 마음을 알지 못하고 그 말을 그냥 흘려들었다.

하루는 루오밍이라는 친구가 먀오먀오의 집에 전집으로 들여놓은 책 한 권을 빌려달라고 부탁했다. 먀오먀오는 그 말을 듣자마자 그런 책은 없다고 딱 잘라 말했다. 먀오먀오의 엄마는 아이의 행동에 얼굴을 붉혔다. 집으로 돌아와 왜 그런 거짓말을 했냐고 묻자 아이는 이렇게 대답했다. "그 친구는 저보다 훨씬 좋은 게 많아요. 우리보다 큰 집에서 살고요, 아빠가 돈도 많이 벌어 온대요. 게다가 학교 선생님들은 그 애만 좋아해요. 난 그런 게 모두 싫어요!" 그 말을 듣고 먀오먀오의 엄마는 어찌할 바를 몰랐다.

일반적으로 30개월 이내의 아이들은 질투심을 보이지 않는다. 개월 수가 많아질수록 주위 친구들과 자신을 비교하기 시작한다. 자신이 노력해도 얻지 못하는 것을 다른 친구가 가지고 있으면 질투하고 배척하는 것이다. 질투심은 다른 사람에게 너그럽지 못한 마음에서 비롯된다.

다른 한편으로 질투심은 자의식의 발현이자 성장의 과정에서 자연스럽게 동반되는 것이기도 하다. 대개 질투심이 강한 아이는 승부욕이 강하고 무슨 일이든 잘하려고 노력한다. 부모는 질투심의 부정적인 요소, 허영, 거짓말, 고집 같은 것은 없애고, 진취적인 행동을 하게 하는 긍정적인 요소는 키워주어야 한다.

질투심 때문에 스트레스를 받는 아이는 스스로 문제가 있다고 자책하게 된다. 이런 스트레스는 빨리 풀어주어는 것이 좋다. 질투심을 무조건 '못된 생각'으로 여겨서 야단을 치면 아이 마음속에 모순적이고 왜곡된 심리가 자라게 된다. 경우에 따라서는 질투 대상을 이길 수 있도록 격려하는 것이 낫다. 또 질투심의 대상이 또래 친구라면, 부럽기도 하고 얄밉기도 한 자신의 감정을 솔직하게 말해보도록 권하는 것도 좋다. 예를 들어 "넌 피아노가 있어서 좋겠다. 내가 아무리 전자오르간으로 연습해도 널 따라잡을 수 없을 것 같다." 하고 얘기하게 하는 것이다. 그러면 상대방 아이는 "그럼 우리 집에 놀러 와서 피아노 연주를 함께하자." 하고 말하거나 "그래? 난 피아노 치는 거 재미없는데……. 오히려 난 네가 부러워. 내가 피아노 연습을 할 때 넌 고무줄놀이를 할 수 있잖아." 하고 말할지도 모른다. 어떤 식으로 대화가 흘러가든 아이는 마음속에 쌓여 있던 질투심을 해소할 수 있는 길을 찾게 될 가능성이 높다.

부모는 모든 사람이 각자 다른 환경에서 살아가고, 완벽한 조건이란 없다는 것을 아이가 알 수 있게 설명해주어야 한다. 누구나 주어진 조건을 잘 이용해서 최선을 다하며 살아가는 것이다.

먀오먀오의 엄마는 전문가를 찾아가 조언을 구한 뒤, 먀오먀오가 루오밍과 함께 주말을 보낼 수 있는 기회를 만들었다. 먀오먀오는 자신이 부러워하는 점 외에도 루오밍에 대해 많은 것을 알게 되었다. 루오밍의 부모는 늘 바빴다. 아빠는 한 달에 한두 번 정도밖에 볼 수가 없었고, 엄마도 한 번 출장을 가면 보름 뒤에나 돌아왔다. 루오밍은 큰집에서 외할머니랑 외롭게 지냈고, 애완동물을 기를 수도 없었다.

먀오먀오는 루오밍이 오히려 자신을 부러워하고 있다는 사실도 알게 되었다. 루모밍과 친해지면서 먀오먀오는 친구들이 모두 각자 다른 행운을 가지고 있다는 것을 깨달았다. 먀오먀오는 질투심에서 벗어나 환하게 웃게 되었고, 다른 친구들과도 잘 지내게 되었다.

075

"자기 자신을 이겨라"

침체에 빠진 아이를 격려하는 말

"부모는 아이의 첫 번째 스승이고, 부모의 말과 행동은 아이한테 평생 영향을 미친다."라는 말이 있다. 가정교육이 높은 효과를 거두려면 부모 교육이 우선되어야 한다. 부모들은 종종 시간이 지날수록 아이들을 이해하기 어렵다는 말을 한다. 아이가 어렸을 때는 하나하나를 가르쳐주면 되지만 스스로 많은 것을 해나가는 나이가 되면 부모 자식 간의 거리가 점점 멀어진다. 처음부터 아이의 성장에 맞춰 부모로서의 자질을 키워나간 사람이라면 이런 문제로 고민에 빠지지 않을 것이다. 아이는 성장해가면서 조금씩 세상을 이해하게 되고, 부모는 아이의 시선으로 그 세상을 함께 바라봐주면 된다. 그런 자세를 가질 때 비로소 성공적인 가정교육을 할 수 있다.

샤오취앤은 성적이 좋고 성실하며 봉사활동에도 적극 앞장섰다. 선생님들은 긍정적이고 자신감이 넘치는 아이의 성격을 칭찬했다. 그런데 샤오취앤은 초등학생 때 지금과는 완전 다른 아이였다. 성적은 반에서 꼴찌였고, 걸핏하면 수업 시간에 장난을 친다고 혼이 났다. 샤오취앤의 부모는 아이가 학교에서 큰 사고를 일으킬까 봐 늘 불안했다.

하루는 샤오취앤이 육십 점을 받은 시험지를 엄마 앞에 내밀었다. 샤오취앤의 엄마는 아들을 호되게 야단치기로 작정했다. 샤오취앤은 눈물을 보이며 반성하는 모습을 보였지만 속으로는 자신을 때리고 야단치는 엄마가 나쁘다고 생각했다. 엄마는 계속 화를 내면서 "그런 시험지에는 사인을 해줄 수가 없다. 학교에 가서 혼이 나더라도 어쩔 수 없어." 하고 말했다. 그 말을 듣고 샤오취앤은 반항심이 가득한 표정으로 엄마의 얼굴을 바라봤다. 샤오취앤의 엄마는 아이의 본심이 담긴 얼굴을 보고 깜짝 놀랐다. 그녀는 야단을 치는 게 효과가 없다는 것을 깨달았고, 이후부터는 대화를 나누고 아이가 조금이라도 발전된 모습을 보이면 크게 칭찬을 해주기로 했다. 그리고 항상 아들에게 이렇게 말했다. "가장 큰 적은 바로 너 자신이란다. 너를 이기는 것이 최고의 승리야." 이 말은 아이에게 자신감을 심어주었다.

격려를 받으며 자란 아이는 열심히 노력하고, 용감하게 어려움을 극복한다. 아이를 교육할 때는 많은 것을 가르치는 데 집중하지 말고, 아이 스스로 배우고 문제를 해결하는 힘을 길러줘야 한다. 아이 스스로 요령을 익히고, 이치를 깨닫는 것은 부모가 대신할 수 없는 일이다.

076

"지난번보다 잘했다"

수줍음을 넘어서게 하는 말

판샤오취앤은 원래 조잘조잘 잘 떠들고, 이리저리 뛰어다니며 노는 활발한 아이였다. 그런데 집에 손님이 찾아오기라도 하면 항상 엄마 아빠 등 뒤에 숨기 바빴고, 어디를 데려가면 심하게 부끄러움을 탔다.

부끄러움 자체가 나쁜 것은 아니다. 하지만 도가 지나치면 정상적인 사회생활에 방해가 된다. 부끄러움이 많은 아이는 자랄수록 자신감을 잃고 내성적이고 소심한 성격이되기 쉽다. 따라서 성격이 형성되는 시기에는 수줍음을 극복하고 원만한 인간관계를 갖도록 아이를 격려해야 한다.

수줍음이 많은 아이들은 대개 친구들과 어울리지 않고 독서나 퍼즐, 블록 같은 정적인 놀이를 즐긴다. 이런 경우 부모가 나서서 아이가 다른 친구들과 즐겁게 뛰어놀 수 있도록 격려해야 한다. 이런 아이들에게는 계단을 뛰어다니거나 잡기 놀이를 하거나 공 빼앗기 같은 놀이를 하는 데에도 꽤 많은 용기가 필요하다. 친구들과 놀다 보면 티격태격하는 일이 생기기도 한다. 이럴 때 부모가 먼저 놀라는 얼굴을 보이지 말고 괜찮다고 말해주어야 한다.

마트나 백화점, 공원 같은 공공장소에서 낯선 사람과 대화를 나누게 하는 것도 좋은 방법이다. 부모는 약간의 요령을 가지고 아이가 이런 일에 나설 수 있도록 도와야 한다. 예를 들면 백화점에서 장난감을 살 때 아이가 직접 값을 치르도록 하는 것이다. 아이가 쑥스러워서 말을 꺼내지 못한다면 결국 장난감을 살 수 없다고 하는 것이다. 아이는 잔뜩 얼어서 겨우 기어들어가는 목소리로 "이 장난감 하나 주세요. 얼마인가요?" 하고 말할 것이다. 이럴 때 부모는 "지난번보다 훨씬 잘했다." 하고 아이를 격려해주어야 한다. 이런 일을 여러 번 반복하면 아이는 부끄러움을 타는 성격을 이겨내고 자신감을 가지게 될 것이다.

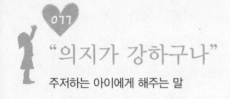

077

"의지가 강하구나"

주저하는 아이에게 해주는 말

사람은 누구나 열정을 가지고 있다. 어떤 사람은 그 열정을 30분 동안 유지하고, 어떤 사람은 30일간 유지한다. 성공하는 사람은 그 열정을 30년 동안 유지할 수 있다.

성공하는 사람들은 공통적으로 굳센 의지를 가지고 있다. 어떤 일에 성공하기 위해 노력하다 보면 누구나 어려움에 부딪히기 마련이다. 창의적이고 새로운 일에 도전할수록 좌절과 실패가 따른다. 이것을 극복하기 위해서는 강한 의지가 필요하다.

인생이 순풍에 돛을 단 듯 순탄하기만 한 사람은 아무도 없다. 모든 일이 잘 풀린다고 여겨지는 순간도 주관적인 조건과 객관적인 현실이 일시적으로 맞아떨어진 것에 불과한 경우가 많다. 대다수의 사람들은 자신이 바라는 행복의 조건과 현실의 차이가 너무 커서 늘 자신이 역 경 속에 있다고 생각한다.

아무리 의지가 강한 사람이라도 역경에 부딪히면 스트레스를 받게 된다. 이런 압박감을 극복하기 위해서는 참을성을 가지고 역경을 기회로 바꾸는 방법을 찾아야 한다. 자신의 운명은 스스로 바꿀 수 있다는 믿음을 가지고 역경을 헤쳐나가야 성공에 도달할 수 있다.

아이한테 이런 자질을 키워주기 위해서는 어떻게 해야 할까? 아이들은 하나의 사물에는 별로 주의를 집중하지 않는다. 반면 약간 다른 형태의 두 개의 사물을 놓아두면 금세 호기심을 가지고 탐구에 들어간다. 아이가 특정 사물에 집중하고 있다면 식사 시간이나 외출 시간이 되었다 하더라도 방해하지 않는 것이 좋다. 규율이나 판에 박힌 일을 강조하는 것은 얻는 것보다 잃는 게 더 많다. 아이의 집중력과 탐구력을 방해하지 않아야 열정을 키워줄 수 있다. 아이의 의지력을 키워주기 위해서는 체육이나 오락 활동을 적극적으로 권해야 한다. 건강한 신체가 바탕이 되어야 강인한 정신력을 기를 수 있다.

마지막으로 부모가 먼저 자기 자신을 돌아보고 스스로 부족한 점을 고쳐나가는 자세가 필요하다. 아이들은 가장 친밀한 사람의 모습을 본보기로 삼으며 자라난다. 부모의 자질은 자손 대대로 영향을 미친다. 이러한 사실은 미국에서 8대에 거쳐 내려오는 두 가문을 조사한 결과에서 그대로 드러났다.

조나단 에드워드는 박학다식하고 재주가 뛰어난 철학가로 매사에 신중하고 부지런했다. 그의 뒤를 잇는 에드워드 가문에는 13명의 대학 학장과 100여 명의 교수, 80여 명의 문학가와 60여 명의 의사가 나왔다. 또 1명의 부통령과 대사, 20여 명의 의원이 배출되었다. 반면 술고래이자 도박꾼으로 이름났던 맥스 주크의 자손에는 300여 명의 걸인과 부랑자, 7명의 살인범, 60여 명의 사기꾼과 절도범이 나왔으며, 알코올 중독으로 불구가 되거나 요절한 사람이 400여 명이나 되었다.

러시아의 교육자 수호믈린스키는 이렇게 말했다. "부모는 자식을 통해 자신을 그대로 연장해나간다. 아이는 부지불식간에 부모의 영향을 받으며 자라고, 부모의 모습을 그대로 배운다." 부모는 자신의 말과 행동이 아이한테 얼마나 큰 영향을 미치는지 기억하고, 스스로 엄격해야 한다.

078

"오늘 많은 일을 해냈구나"

무슨 일이든 아이가 직접 해보게 하는 말

네 살이 된 샤오판은 해보고 싶은 일이 많았다. 아버지가 신문을 볼 때 다음 장으로 넘겨주려다가 신문을 찢고 말았다. 어머니가 콩 껍질 벗기는 일을 도울 때는 콩을 통째로 바닥에 쏟기도 했다. 샤오판의 부모는 아이가 말썽만 부린다고 생각했다. 그러나 이런 행동은 자신이 직접 어떤 일을 해내고 싶은 자주성을 보여주는 일일 뿐이다.

어떤 부모는 아이한테 아무 일도 시키지 않는다. 아이에게 무조건 이것도 하지 마라, 저것도 하지 말라는 말만 하는 것이다. 바쁘다는 이유로 자신이 아이의 일을 해치워버리는 부모도 많다. 이렇게 하면 아이가 일상생활이나 업무에서 무능한 사람으로 자라기 쉽다.

현명한 부모는 무슨 일이든 아이한테 그냥 맡겨두고, 그 일에 맞는 능력을 키워주기 위해 애쓴다. 그리고 아이가 훌륭하게 그 일을 해내면 "오늘 참 많은 일을 해냈구나!" 하고 칭찬한다. 이런 과정을 통해 아이는 자신의 능력을 키워나가게 된다.

요즘은 경제 수준이 높아지고, 각 가정에서 자식을 한둘만 낳기 때문에 아이한테 돈을 쏟아부어도 전혀 아깝지 않다는 이야기를 많이 한다. 그러면서 아이한테 아무 일도 시키지 않는 것이다. 어릴 때부터 자기 일을 스스로 하고, 부모 일을 거들며 자란 아이들은 자라서도 맡은 일에 최선을 다한다. 집안일이 아니더라도 아이가 흥미를 가질 일을 아이한테 맡기는 것이 좋다.

두세 살 무렵의 아이들은 바깥으로 나갈 때마다 잔뜩 신이 나서 여기저기를 두리번거린다. 그러면서 "이건 뭐야? 저건 뭐야?" 하고 질문을 한다. 이때가 지식을 전할 수 있는 좋은 기회이다. 그런 질문과 관련된 일을 시키면 아이들은 더욱 재미있어한다. 아이가 그 일을 잘 해내면 적절히 칭찬을 해준다.

예를 들어 아이가 곤충에 관심을 가지면 직접 손에 잠자리채를 쥐여 주는 것이다. 아이가 채집한 곤충은 집으로 가지고 와서 표본을 만든다. 이 모든 과정에는 부모의 참여와 지도가 필요하지만 아이 힘으로 해낸 일이라는 점을 강조한다. 바깥에서 주워온 나뭇잎을 책장 사이에 끼워놓았다가 책갈피를 만들어도 좋다. 이런 활동은 아이에게 여러 가지 지식을 전달하면서 자기 힘으로 무언가 해냈다는 만족감을 준다.

직접 무언가 만들어보는 경험은 대단히 흥미로운 작업이다. 만들기 전에는 무엇을 만들 것인지 분명하게 알려준다. 예를 들어 "강아지가 좋아하는 뼈다귀를 만들어보자."라고 하는 것이다. 이렇게 흥미를 유도한 뒤에 만드는 방법을 가르쳐준다. 쉬운 부분이나 실수를 해도 괜찮은 단계는 아이가 혼자서 작업하게 하고, 어려운 부분은 도와준다. 작품이 완성되면 아이는 뭔가 해냈다는 성취감을 느낄 수 있다.

성취감을 느끼며 자란 아이는 주관이 뚜렷하고 판단력과 결단성이 뛰어나다. 반면 모든 일을 부모가 해준 아이는 개성이 없고, 자기주장이 부족하며, 일 처리 능력이 떨어진다. 이런 아이는 조금만 어려운 일이 생겨도 움츠러들고 비관한다. 서툰 일을 피하다 보니 결국에는 아무 일도 할 수 없게 된다.

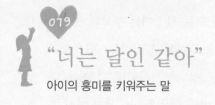

079

"너는 달인 같아"

아이의 흥미를 키워주는 말

파블로 피카소는 예술에 천부적인 재능이 있었다. 그는 어렸을 때부터 종이 오리기를 잘했고, 사람들이 놀랄 만큼 뛰어난 그림을 많이 그렸다. 주변 사람들은 모두 피카소가 천재라며 입이 마르도록 칭찬했다.

그런데 피카소는 미술 외에는 관심이 없었다. 수업 시간마다 엉뚱한 상상을 하거나 창밖의 나무나 새를 바라보며 시간을 때웠다. 특히 수학 시간은 고역이었다. 피카소는 고민 끝에 선생님한테 고백을 했다. "1 더하기 1은 2인데, 2 더하기 1은 뭔지 도통 모르겠어요. 도무지 이해가 안 된다고요." 피카소는 그 일로 두고두고 다른 아이들한테 놀림을 받게 되었다.

선생님은 피카소의 부모를 학교로 불러서 아이의 어처구

니없는 행동에 대해 얘기했다. 피카소의 어머니는 부끄러워서 고개를 들 수가 없었다. 다른 사람들도 뒤에서 이렇게 쑥덕대기 시작했다. "그림을 잘 그리는 게 무슨 소용이람. 쉬운 수학 문제 하나 못 푸는데……."

그러나 피카소의 아버지는 사람들의 비웃음에도 아들의 재능에 대한 믿음을 저버리지 않았다. 그는 아이를 진심으로 이해하고 칭찬해주었다. "수학을 못 한다고 해서 네가 할 줄 아는 일이 하나도 없는 건 아니잖니? 넌 그림의 달인 같아!" 피카소는 아버지의 말에 큰 힘을 얻었다. 그림에 열중할 때만큼은 자신이 공부를 못한다는 사실을 잊어버렸다.

그러나 피카소의 학교생활은 별로 나아지지 않았다. 피카소는 '문제 학생'으로 낙인되어 긴 나무 의자만 하나 덜렁 놓여 있는 방에 혼자 갇힐 때가 많았다. 피카소는 오히려 그 일을 좋아했다. 종이 한 묶음만 있으면 그곳에서 자유롭게 그림을 그릴 수 있었기 때문이다.

사람들의 비웃음이 끊이지 않자 어린 피카소의 마음에 어두운 그림자가 드리워졌다. 피카소는 갈수록 말수가 줄어들었고, 친구들과 어울리지도 않았다. 아버지는 매일같이 아들을 학교에 데려다주고, 나중에 데리러 오겠다는 다짐을 하고 나서야 아들을 교실로 들여보낼 수 있었다. 그는 항상 아들의 책상 위에 붓과 함께 스케치 모델로 쓸 죽은 비둘기를 올려놓았다. 피카소는 아버지의 지지에 힘입어 매일같이 상상의 세계를 넘나들며 그림 그리기에 열중했다. 결국 그는 20세기를 대표하는 세계적인 미술가가 되었다.

아이를 격려하기 위해서 단점을 무조건 감싸라는 것은 아니다. 맹목적으로 과한 애정을 쏟는 것은 독이 된다.

그러나 세상 사람들이 아이를 비웃거나 비난하더라도 부모는 언제나 아이 편이 되어 주어야 한다. 아이에게 믿음과 용기를 주고, 단점은 인정하고 장점을 발휘해 세상에 맞서게 해주어야 한다. 피카소의 아버지는 가장 중요한 순간 아이의 인생을 구한 것이나 마찬가지다. 우리도 가능한 아이의 장점을 키워서 몸도 마음도 건강하게 자랄 수 있도록 도와야 한다. 아이들은 누구나 먹구름 없이 맑은 희망의 하늘을 볼 수 있어야 한다.

"많이 배웠겠구나"

좌절을 이겨낸 아이한테 하는 말

요즘에는 좌절을 이기지 못하고 자살하는 아이들 이야기를 주변에서 자주 듣게 된다. 과잉보호를 받는 아이는 현실의 부정적인 모습을 대면한 적이 없어서 저항력이 약하다. 행복한 유년기를 보낸 사람이 불행한 성년기를 보낸다고 말한 심리학자도 있다. 좌절을 겪어보지 못한 아이는 복잡한 경쟁의 세계에서 살아남지 못한다.

공익사업에는 아낌없이 돈을 투자하면서 자식들에게는 인색하기만 한 아버지가 있었다. 그의 두 아이는 집안일을 거들고 한 달에 10위엔 정도의 용돈을 받았다. 날마다 첫째 아들은 정원을 청소했고, 둘째 딸은 설거지나 방 청소를 했다. 여름방학이 되자 두 아이는 더운 날씨에도 불구하고 직접 용돈을 마련하기 위해 신문을 돌리기로 했다. 하루 종일 열심히 아르바이트를 하고 돌아온 두 아이에게 아버지는 마음에서 우러나는 칭찬을 했다. "너희들 정말 배운 게 많 겠구나!" 아이들은 그 말에 힘입어 더욱 열심히 일했다.

아이들은 날마다 넓은 세상으로 나가 이것저것 경험하고 싶어 한다. 거기에는 반드시 난관이 있기 마련인데, 부모는 아이들이 언제 닥칠지 모르는 어려움을 이겨낼 힘을 길러 줘야 한다.

어느 초등학교 교실에서 아이들이 사뭇 진지하게 일일교 사의 수업을 경청하고 있었다. 일일교사의 직업은 장의사 였다. 그는 사람이 죽은 뒤 벌어지는 일에 대해 찬찬히 이 야기했다. 잠시 뒤 아이들은 선생님의 지시에 따라 부모님 이 돌아가셨을 때의 상황을 연극으로 꾸며보기로 했다. 아 이들은 갑자기 고아가 되었을 때의 느낌과 불행한 일이 닥 쳤을 때 어떤 기분이 드는지 경험했다.

열두 살 마쥔은 부모의 권유로 여름방학마다 '고난 캠프' 에 참여했다. 고난 캠프에서는 수백 명의 아이들이 생존을 위해 다채로운 활동을 했다. 이 활동의 목적은 아이들이 함 께 고생하며 단체의식을 기르고 어려움을 이기는 태도를 기르는 데 있었다. 캠프를 마치고 돌아올 때마다 마쥔의 부모는 "많이 배웠겠구나!" 하며 아이를 반갑게 맞이했다. 여덟 번이나 고난캠프에 참여한 마쥔은 다음 해에도 이 활동을 하겠다고 했다. 마쥔은 캠프에서 배운 교훈이 자신의 인생에 큰 도움이 되리라는 것을 알고 있었다.

081

"미래가 밝을 거야"

아이의 신념을 키워주는 말

여덟 살짜리 아이가 모래 언덕을 오르는데, 매번 중간쯤
에서 아래로 데굴데굴 굴러떨어졌다. 이 모습을 지켜보던
아이의 아빠는 "괜찮아, 아빠가 옆에서 함께 올라갈게." 하
고 격려했다. 아이는 다시 모래 언덕을 올라갔고 마침내 꼭
대기에 다다랐다. 아이의 아빠는 기뻐하며 "너는 이다음에
에베레스트에도 오를 수 있을 거야. 네 미래는 밝을 거야!"
하고 아이를 격려했다.

모든 성공은 작은 신념 하나에서 시작된다. 진심이 담긴
칭찬과 격려의 한마디가 신념의 씨앗이 된다. 반대로 자신
감을 해치는 말은 씻을 수 없는 상처가 된다. 아이가 남보
다 뒤처지더라도 격려를 해주면 누구나 자신감을 가지고
성공의 문에 들어설 수 있다.

어떤 아동교육 학자가 전교생 중에서 무작위로 십여 명을 뽑았다. 그러고는 그 학교 선생님들한테 "이 학교에서 가장 발전 가능성이 많은 아이들의 명단입니다."라고 거짓말을 했다. 그리고 아이들한테는 이 사실을 비밀로 할 것을 당부했다. 8개월 후 놀라운 일이 벌어졌다. 명단에 오른 아이들은 일제히 눈에 띄게 성적이 오르고, 성격도 쾌활해졌다. 선생님들이 은연중에 이 아이들을 더 챙기고, 격려와 기대감을 보여준 덕분이었다.

부모님이나 선생님의 격려를 받으면 아이들의 신념은 강해진다. 부모들끼리 하는 대화에는 이런 말들이 오간다. "우리 딸은 앞으로 잘 될 거야! 정말 훌륭한 재목이라니까!" "이것 봐 우리 아이한테 희망이 보이는 것 같아. 이다음에 유명한 조각가가 될 거야." 이런 말을 들은 아이는 신념을 가지고 성공을 향해 달려 나갈 수 있다.

082

"노력했다는 걸 알아"

결과에 만족하지 못하는 아이한테 해주는 말

아이를 칭찬하기 전에 아이의 노력을 칭찬할지, 그 노력
으로 얻은 성과를 칭찬할지 생각해 보았는가?

아이의 발전과 성공을 위해서 많은 부모들이 칭찬을 아끼
고 싶어하지 않는다. 그러나 그 일을 실행에 옮길 때는 어
려운 점이 많다. 성공과 실패의 결과가 상대적이고 쉽게 바
뀔 수 있기 때문이다. 또한 모든 상황에서 성공하기란 불가
능하고, 한 집단 내에는 반드시 성공하는 자와 실패하는 자
가 있기 마련이다. 지나치게 성공을 강조하면 아이는 성공
하기 힘든 일에는 아예 도전을 하지 않으려고 한다. 쉬운
일에서는 큰 성취감을 얻을 수 없다.

아이의 도전 의식을 고취하고, 그 일을 통해 성취감을 느
끼게 하려면 일의 결과만 평가해서는 안 된다. 그 대신 아

이가 쏟은 노력에 칭찬을 쏟아야 한다. 한창 자라나는 아이들에게는 결과보다 노력하는 과정이 중요하다. 열심히 공부했다면 성적이 조금 나쁘더라도 더 나아질 희망이 있다. 부모는 아이가 자신감을 잃지 않고 분발하도록 격려해야 한다. 좋은 성적을 얻을 때만 칭찬을 받는 아이는 성적이 조금만 나빠져도 의기소침해지고 자신감을 잃는다. 성적에 연연해하지 않고 시종일관 꾸준히 노력하는 아이로 키우려면 아이의 노력에 대한 칭찬을 아끼지 말아야 한다.

정위롱은 태어날 때부터 일상생활과 학습을 담당하는 대뇌 조직이 손상되어 혼돈 속에서 생활해야 했다. 청각과 시각은 보통 사람보다 월등히 뛰어났지만 그 밖의 능력은 뒤떨어졌다. 하느님이 일부러 그녀에게 감각의 문은 열어 놓고, 지혜로 통하는 문은 닫아버린 것 같았다. 그녀는 어떤 일의 순서를 인지하지 못했고, 공간지각능력이 부족했다. 신체 운동에도 문제가 있어서 왼손에 든 컵을 오른손으로 옮기는 일도 쉽게 해내지 못했다.

이 밖에도 정위롱은 사물의 논리 관계를 이해하지 못해서 '아버지의 형'과 '형의 아버지'도 구별하지 못했고, 시계의

긴 바늘과 짧은 바늘의 관계를 이해하지 못했다. 그녀는 단지 원인과 결과를 포함하지 않은 간단한 일만 기억할 수 있었다. 수학공식을 외울 수는 있어도 그것으로 문제를 풀지는 못하는 것이다.

정위롱의 부모는 아이의 병세에 속수무책이었지만 좌절하지 않았다. 항상 "우리는 네가 노력하고 있다는 걸 알아!" 하고 딸한테 말해주었다. 정위롱은 힘든 상황에서도 부모님을 실망시키지 않기 위해 노력했다.

정위롱은 잠깐의 휴식 시간에도 방금 배운 내용을 기억하기 위해 노력했다. 교과서에 나오는 문장은 스무 번 이상 반복해서 외웠다. 시험을 칠 때는 자신이 암기한 문장대로 문제가 나오기를 기도했다. 그녀는 끊임없이 노력한 덕분에 무사히 고등학교 과정을 마칠 수 있었고, 특별 전형으로 유명 대학에 입학하게 되었다. 그것은 기적과도 같은 일이었다.

"네가 노력했다는 걸 안다"는 부모의 말 한마디는 아이한테 큰 힘이 된다. 부모는 사소한 일이라도 아이가 노력을 기울이면 아낌없이 박수를 쳐주어야 한다.

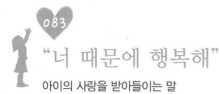

"너 때문에 행복해"

아이의 사랑을 받아들이는 말

여섯 살 난 팡팡이 땀을 뻘뻘 흘리며 유치원에서 돌아왔다.

"엄마, 얼른 이것 좀 보세요."

팡팡은 잔뜩 흥분한 목소리로 무언가를 움켜쥔 두 손을 앞으로 내밀었다. 엄마는 미소를 지으며 아이의 손을 조심스럽게 펼쳐보았다.

"지아지아가 준 은이에요. 걔네 할머니가 주신 거래요. 이걸로 반지를 만들 수 있대요. 엄마가 가지세요! 엄마는 반지가 없잖아요."

엄마가 살펴보니까 그것은 은이 아니라 제멋대로 잘라놓은 금속 조각이었다. 엄마는 눈시울이 뜨거워졌다. 그녀는 조심스럽게 '은'을 받아들고 말했다.

"고맙다. 우리 딸! 너 때문에 정말 행복하구나."

아무리 값어치 없는 물건이더라도 그 속에 아이의 사랑이 듬뿍 담겨 있을 수 있다. 유치한 선물이라도 소중히 받아들이면 큰 사랑이 될 수 있다. 아이의 정성을 무시한다면 거기에 담긴 마음은 그냥 시들어버릴 것이다.

아이들은 사소한 것으로 애정을 표현한다. 그것은 100점짜리 시험지나 상장같이 어른이 바라는 현실적인 것이 아니다. 그러나 아이들이 주는 선물은 인생의 길 위에 세워진 금자탑이자 고생 끝에 얻는 풍족한 수확과 같다. 어떤 부모들은 불행히도 아이의 시험점수에만 신경을 쓰느라 아이가 주는 사랑을 깨닫지 못한다.

엄마가 저녁 식사를 마치고 설거지를 하는데 아이가 다가와 말했다. "엄마, 제가 도와드릴게요!" 엄마는 "가서 공부나 해라. 나중에 변변치 못하게 주방에서 일하는 사람이 되고 싶어 그러니?" 하면서 아이를 밀어냈다. 아이는 텔레비전을 보고 있는 아빠한테 차를 갖다 드렸다. "아빠, 제가 차를 우려냈어요. 향이 좋아요!" 그러자 아빠는 이렇게 말했다. "누가 너더러 차를 가져오라고 시켰니? 공부하기 싫으니까 차 갖다주는 척하면서 텔레비전을 보러 온 거지? 정말 속 보인다." 아이는 울상이 되어 방으로 들어갔다. 그리고 다시는 부모님을 기쁘게 해드리고 싶다는 생각을 하지 않기로 했다.

요즘 아이들은 예전 세대에 비해 냉정하다고들 한다. 어쩌면 아이들은 자기 마음속에 있는 사랑을 표현할 기회를 잃어버린 것인지도 모른다. 눈앞의 성적에만 관심을 가지는 부모들이 무의식중에 아이의 사랑을 냉정하게 대한 것은 아닐까? 무성한 숲이 사막으로 변하듯이 아이 마음에 있던 사랑이 원망으로 바뀌는 것을 부모가 알아채지 못했을지도 모른다.

부모도 아이의 사랑을 받아들일 줄 알아야 한다. 사랑을 표현하는 아이는 사랑을 받는 것만큼이나 기쁨을 느낀다. 부모 역시 아이가 주는 사랑의 진가를 깨달을 때 무엇과도 비교할 수 없는 행복감을 느낄 수 있다.

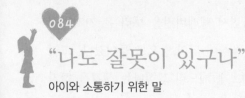

084

"나도 잘못이 있구나"

아이와 소통하기 위한 말

학업에 대한 부담감과 진학 스트레스, 학교와 집을 오가는 단조로운 생활, 선생님의 감독과 부모님의 잔소리로 아이들의 마음은 무겁기만 하다. 부모님이 자신을 조금도 이해해주지 않는다는 생각이 들면 아이들은 자아를 잃고 우울감에 빠진다.

그러나 부모들은 아이들이 어른의 가르침을 무조건 따라야 한다고 생각한다. 이해나 존중, 신뢰를 보이기보다는 권위적인 태도로 비난과 설교만 늘어놓다 보니 부모 자식 간의 사이는 점점 더 멀어질 수밖에 없다.

당신은 아이를 얼마나 이해하고 있는가? 많은 부모들이 이 문제를 소홀히 여긴다. 대개 자신은 아이를 잘 안다고 생각하지만 사실은 전혀 이해하지 못하고 있는 경우가 많다. 하루가 다르게 성장하는 아이들을 언제까지나 부모의 보호가 필요한 존재로 취급할 수만은 없는 일이다. 아이들도 하나의 독립된 인격체이다. 아이들에게 필요한 것은 자신의 자아를 인정하고 이해해주는 부모의 마음이다. 이 문제는 부모와 아이가 얼마나 소통할 수 있는지를 결정짓는 관건이다. 부모가 먼저 자신을 변화시키고, 아이를 대하는 방식을 바꾼다면 희망이 있다.

어떤 여자아이와 엄마가 식사를 하다가 말다툼을 했다. 엄마는 권위적인 태도로 화를 내다가 젓가락으로 아이의 어깨를 때렸다. 아이는 울음을 터뜨렸다. 잠시 뒤 아이는 엄마의 책상 위에 쪽지를 남겨 놓았다.

"엄마, 아무래도 엄마는 '마음'을 잃어버린 것 같아요. 그건 엄마만이 찾을 수 있어요."

엄마는 무척 놀라고 부끄러운 생각에 몇 번이나 반복해서 그 쪽지를 읽었다. 그러고는 답장을 써서 아이의 책상 위에 놓아두었다.

"딸아, 네가 제때 그 말을 해줘서 고맙구나. 그러지 않았다면 엄마는 '마음'을 잃어버린 줄도 모를 뻔했다. 엄마가 '마음'을 찾을 수 있게 도와주겠니?"

다음날 엄마는 두 번째 쪽지를 받았다. "엄마, 그건 엄마의 손과 입에서 잃어버린 거예요. 앞으로 엄마가 손으로 때리지 않고, 입으로 야단치지 않으면 '마음'이 금방 돌아올 거예요." 엄마는 아이가 쓴 문장을 읽고 자신이 손과 입으로 아이를 괴롭혔다는 사실을 깨달았다. 그녀는 아이한테 무슨 일이든 끊임없이 가르쳐줘야 한다고 생각했다. 끝도 없이 잔소리를 하다 보니 자신도 모르게 아이에 대한 사랑을 잃어버리고 '마음을 잃어버린 사람'이 되었던 것이다. 그녀는 딸에게 다시 답장을 보냈다.

"딸아, 미안하다. 엄마한테 잘못이 있었구나. 마음을 찾게 도와줘서 고맙다. 너에 대한 이해가 부족했어. 앞으로는 내 마음을 잘 들여다볼게. 너도 엄마를 도와주렴." 그 이후 엄마와 딸은 서로 이해하고 존중하게 되었고, 한 걸음 더 가까워졌다.

소통은 마음을 평안하고 유연하게 만들어주고, 먼 곳을 바라볼 수 있도록 눈을 밝혀 준다. 소통하는 습관을 가지면 진실한 감정을 느낄 수 있고, 감사의 마음을 가질 수 있다. 부모가 아이 앞에서 "나도 잘못이 있구나." 하고 스스로 잘못한 점을 인정하면 아이도 부모를 이해하려고 할 것이다.

085

"이번에 제일 잘했다"

아이의 경제관념을 가르치기 위한 말

방방은 마트에 갈 때마다 자신이 갖고 싶은 물건을 서슴없이 카트에 담았다. 식당에 가면 자기 입맛에 맞는 요리를 주문하고, 후식까지 골랐다. 방방은 물건의 가치나 가격 따위는 신경 쓰지 않았다. 물건을 고르기만 하면 부모님이 값을 치르는 게 당연하다고 생각했다.

그러던 어느 날 방방은 물건을 꼼꼼하게 살피고, 가격표를 자세히 들여다보다가 20% 할인된 가격의 바지를 골랐다. 엄마는 이 기회를 놓치지 않고 재빨리 "애야, 이번에 물건을 제일 잘 골랐구나." 하고 칭찬했다. 아이가 물건값을 아낄 때마다 칭찬을 하자 방방은 더 이상 돈을 물 쓰듯 하지 않았다.

가오 씨는 돈을 낭비하는 두 아들 때문에 골치가 아팠다. 큰아들은 야구 카드 수집에 열을 올리고 작은아들은 매주 게임 소프트웨어 가게를 방문했다. 아이들 수중에 조금이라도 돈이 생기면 그것을 어디에 쓸지 뻔한 일이었다. 가오 씨는 돈을 아껴 쓰는 법을 알려주려고 노력했다.

처음에는 아이들에게 투자를 제안했다. 아이들이 펀드를 고르면 가오 씨가 매월 일정 금액을 넣어주기로 했다. 아이들은 성장성이 좋은 주식 펀드를 추천받아 상승세일 때 매입하고, 증시가 하락할 때 균형성펀드로 전향했다. 갈수록 수익률이 떨어져도 아이들은 별로 신경을 쓰지 않았다. 아버지가 펀드 계좌에 돈을 계속 채워줄 것이기 때문이었다.

가오 씨는 방법을 바꿔서 '아버지 은행'을 만들기로 했다. 아이들이 돈을 가져오면 1%씩 이자를 더해서 보관해 주다가 돈이 필요하다고 할 때 돌려주기로 했다. 그러나 아이들은 자기 돈이 아버지 주머니 속에 들어가는 것을 불만스럽게 생각했다.

결국 가오 씨는 아이들을 직접 은행에 데려가 진짜 계좌를 개설했다. 새 계좌는 이율이 높지는 않지만 매월 결산 보고서를 받을 수 있었고, 컴퓨터로 입출금 내역을 확인할 수 있었다. 두 아이는 각자 현금인출카드도 가지게 되었다. 이후에는 물건을 살 때 아버지한테 돈을 달라고 하지 않고 이 카드로 돈을 찾아서 쓰게 했다.

그러자 놀라운 결과가 생겼다. 큰아들은 야구 카드에 관심을 가지지 않고 오로지 자기 계좌의 돈 관리에만 신경 썼다. 작은아들도 가끔은 게임소프트웨어 상점을 들르기는 했지만 점점 그 횟수가 줄어들었다. 아이들 계좌에는 차츰 용돈이 모이게 되었다. 가오 씨가 어떻게 돈을 절약하게 되었는지 묻자 아이들이 이렇게 대답했다. "예전에는 그 돈이 아빠 것 같았어요. 하지만 지금은 내 돈 같거든요." 가오 씨는 기뻐하며 이렇게 말했다. "그래, 너희가 이제껏 보여준 행동 중에서 이번이 제일 잘한 것 같구나."

재산 관리는 어른들이 반드시 준비해야 하는 교육과정이다. 어렸을 때부터 올바른 경제 관념을 가져야 건설적인 삶을 설계할 수 있다. 아이의 미래를 준비하는 부모라면 돈이나 재무의 의미를 간단하게나마 설명해주고, 휴일에 아이를 데리고 나가서 다양한 경제활동을 할 수 있게 해주어야 한다. 함부로 돈을 쓰지 않고 필요한 것만 사는 것이 아이가 돈 관리를 배우는 첫 번째 방법이다.

086

"이미 해낸 거나 다름없어"

기회를 찾는 아이한테 하는 말

어떤 엄마가 각기 다른 학교에 다니는 아이들을 한데 모아서 주말 모임을 만들었다. 학교 밖에서는 아무런 교류도 갖지 못하고 집에서 텔레비전이나 보고 지내야 하는 아이들이 안타까웠기 때문이었다. 모임에서는 주로 놀이 위주로 활동을 했고, 매주 다양한 분야의 강사를 초청해서 혼자서는 해낼 수 없는 일들에 도전했다.

그녀가 이 모임을 만든 목적은 딸 마리아에게 다양한 교류의 장을 경험하게 하고 싶어서였다. 그런데 딸은 이 모임을 좋아하기는 했지만 엄마가 권하지 않을 때 먼저 나서서 참여하지는 않았다. 엄마는 딸이 좀 더 적극적인 모습을 보이길 바랐다. 스스로 열정을 가지고 모임에 참여할 때 더 큰 보람을 얻을 수 있다고 생각했다.

지난주 모임에서 아이들은 연극에 큰 흥미를 보였다. 저마다 '백설 공주'나 '잠자는 숲 속의 공주'로 꾸민 뒤 무대 위를 왔다 갔다 하며 연기를 했다. 왕비나 호위병 역에 흥미를 가지는 아이도 있었다. 이번 주에는 아이들이 한 가지 이야기를 택해 직접 배역을 나누고 대본을 써서 연출을 하기로 했다.

그런데 마리아는 이번 주 주제가 무엇인지에도 관심이 없었다. 그저 주말에 할머니 집에 가서 자신이 좋아하는 텔레비전 드라마를 볼 수 있을지 궁금해했다. 보통은 이럴 때 엄마가 나서서 모임의 주제를 알려주고, 딸이 그 활동에 앞장설 수 있도록 도왔다.

하지만 이번에는 다른 친구가 리더가 되어 활동을 하도록 내버려 두었다. 나중에 그 사실을 알게 된 마리아는 화를 내며 엄마한테 따졌다. "왜 저한테 이번 일을 맡으라고 하지 않으셨어요?" 엄마는 온화한 목소리로 대답했다. "좋은 기회는 스스로 쟁취하는 거야. 가만히 앉아 있는 사람에게 그런 기회가 저절로 찾아오는 게 아니야. 다음에 기회는 또 있을 거야. 엄마가 한 말의 뜻을 깨달았다면 넌 이미 그 일을 해낸 거나 마찬가지야."

마리아는 엄마의 말을 듣고 자신이 바라는 일이 있다면 직접 나서서 그 기회를 잡아야 한다는 것을 깨달았다.

아이들은 부모가 자신을 위해 언제나 좋은 기회를 가져다 줄 거라고 기대한다. 그러나 자신에게 찾아온 기회에 감사한 마음을 가지지 못한다면 부모의 모든 노력은 헛된 일에 불과할 것이다.

성공하는 사람은 주어진 기회를 잘 이용해서 자신을 발전시킨다. 아이에게 단순히 그런 기회를 제공하는 데 그치지 않고, 그런 기회를 감사하게 여기는 마음을 갖도록 해야 한다. 그런 마음을 가져야 자신에게 찾아온 기회에 최선을 다할 수 있다.

087

"언제까지나 널 지지할 거야"

경쟁하는 아이를 응원하는 말

아이는 세 살 무렵부터 다른 사람과 자기 자신을 비교하기 시작한다. 일등인지 꼴등인지, 이겼는지 졌는지를 따지기 시작하면서 사소한 일도 모두 우열을 가리는 놀이로 만들어버린다. 경쟁에서 얻는 기쁨과 슬픔이 작고 여린 마음에 무슨 의미가 있는 것일까?

서너 살 먹은 아이들은 다른 사람과 자기 자신을 비교하는 걸 좋아한다. 유치원 입구에서는 자신을 데리러 온 부모님에게 이런 말을 하는 아이들을 만날 수 있다. "엄마! 오늘 달리기에서 1등을 했어요!" "오늘 선생님이 다른 친구보다 이불 정리를 잘한다고 칭찬하셨어요!" 이런 경쟁의식은 성장에 도움이 되기도 하지만 아이들의 마음에 상처를 주기도 한다.

한 번 경쟁에 불이 붙기 시작하면 일상의 모든 일이 그 대상이 될 수 있다. 누가 자전거를 잘 타나? 누가 그네를 타고 더 높이 올라가나? 누가 오랫동안 한 발을 들고 서 있을 수 있는가? 이런 것들은 비교적 정상적인 범주에 속한다. 어떤 경우에는 터무니없는 일로 경쟁을 벌이기도 한다. 누가 빨리 밥을 먹는가? 누가 먼저 잠이 드는가?

어떤 부모는 아이의 경쟁을 지지한다. 어차피 경쟁 사회에서 살아가야 하기 때문에 어려서부터 이기고 지는 일에 익숙해지도록 가르친다.

우리는 경쟁이 아이한테 어떤 의미가 있는지부터 살펴봐야 한다. 과학자들의 연구에 의하면 세 살 즈음이 되면 경쟁의식이 생긴다고 한다. 이때가 되면 아이들은 다른 사람을 참고해가며 어떤 것이 더 나은지 결정하는 기준을 바꾸고, 그 기준에 맞춰 자기 자신을 평가한다. 아이들이 경쟁하는 것은 본능적이고 필수적인 일이다. 아이는 경쟁을 통해 많은 유익을 얻는다. 자신과 다른 사람의 능력을 평가하고, 다른 사람과 함께 어울리는 방법도 배운다. 경쟁 속에서 스트레스에 대처하는 법을 배우고, 자신감을 키우며, 성공과 실패의 감정을 겪는다.

세 살 전후의 아이들은 자신이 엄마 아빠보다 키도 작고 몸집도 작지만 그래도 혼자서 할 수 있는 일이 있다는 사실을 깨닫기 시작한다. 아이는 사전 모의를 하기도 하고, 새로운 일에 도전하려고 한다. 이때 자기만의 비교 기준을 가지고 자신의 능력과 위치를 파악한다.

아이들의 경쟁은 때때로 이상한 것도 많다. 의자를 뱅글뱅글 돌려서 누가 덜 어지러워하는지를 경쟁하거나 누가 빨리 얼음을 입안에서 녹이는지, 누가 손목에 시계 모양을 예쁘게 그리는지 등을 비교하기도 한다. 어른이 보기에 이런 경쟁은 쓸데없는 짓으로 보인다. 그러나 그 속에는 아이들 스스로 만든 놀이 규칙과 상상력이 들어 있다.

아이들은 네 살 무렵이 되면 자아에 대한 평가를 스스로 내린다. 그런 평가의 기준이 되는 것이 경쟁의 경험이다. 아이들은 경쟁의 결과에 따라 우쭐거리기도 하고 의기소침해지기도 한다. 이 단계의 아이들에게는 이기는 일과 지는 일, 1등과 꼴찌만 존재한다. 아이들은 경쟁의 상대성을 보지 못한다. 경쟁에서 항상 이기는 아이는 자신감을 쌓고 매번 지는 아이는 낙심하기만 한다. 이럴 때 부모는 "우리는 언제까지나 널 지지한단다." 하고 아이를 격려해야 한다.

시간이 지날수록 아이들은 경쟁의 원리를 조금씩 이해하기 시작한다. 단 한 번의 쇠망치로 이기고 지는 것을 정하는 것이 아니라 시간과 학습도 경쟁에 영향을 미친다는 사실을 깨닫기 시작하는 것이다.

한편 아주 소소한 경쟁은 일상을 행복하게 만들기도 한다. "아빠보다 빨리 잠옷을 입으면 재미있는 이야기를 들려줄게."라고 하거나 "누가 먼저 신발을 신는지 보자. 이기는 사람한테는 초콜릿을 줄게." 이런 경쟁을 할 수도 있고 "1등을 하면 주말에 놀러 가자."라고 할 수도 있다. 아이들은 이미 유치원에서부터 경쟁에 익숙해졌기 때문에 부모의 도전에 당당히 응할 것이다. 하지만 이런 경쟁을 너무 빈번하게 하면 오히려 스트레스를 줄 수도 있다.

경쟁을 시작한 것이 아이의 의도라면 마음대로 하도록 내버려 둬도 된다. 하지만 부모의 허영심에서 경쟁을 부추기거나 그와 정반대로 아이가 경쟁을 하지 못하도록 금지하는 것은 해가 된다. 투지가 약한 사람은 살면서 문제를 만났을 때 돌파하기보다는 회피하려고 한다.

아이들의 경쟁은 게임과 같다. 규칙과 결과도 스스로 결정한다. 놀이를 하듯이 경쟁을 하는 아이들을 두고 "맛 좀 보여줘!"라든가 "네가 더 힘이 세!" 이런 말은 하지 않는 것이 좋다. 그것은 단순한 놀이를 실리를 추구하는 장으로 변질되게 하고 아이들 마음에 압박감을 준다. 대신에 "용기를 가져. 너를 지지할게" 이렇게 말하자. 이런 격려를 받은 아이는 경쟁의 참다운 의미를 깨닫게 될 것이다.

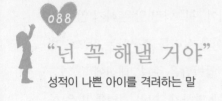

088

"넌 꼭 해낼 거야"

성적이 나쁜 아이를 격려하는 말

궈웨이는 중간고사를 망쳐서 원래 중간 정도였던 성적이 단숨에 하위권으로 떨어지고 말았다. 궈웨이의 마음은 너무나 괴로웠다. 수업을 마치고 집으로 돌아간 궤웨이는 쭈뼛거리며 엄마 앞으로 가서 말했다.

"중간고사 시험을 못 쳤어요. 죄송해요."

잔뜩 풀이 죽은 아이의 모습을 보고 엄마는 "너무 조급해 하지 마. 다음번에 더 잘하면 되지. 넌 꼭 해낼 거야." 하고 격려해주었다. 혼이 날 줄 알고 얼어 있었던 궈웨이의 마음은 눈 녹듯이 녹았다. 궤웨이는 열심히 공부해서 다음에는 좋은 성적을 얻어야겠다고 다짐했다.

어떤 부모는 아이가 좋은 성적을 얻었을 때 크게 칭찬하지도 않으면서 성적이 조금만 떨어져도 차가운 시선을 보낸다. 이런 일이 반복되면 아이는 마음의 만족을 얻지 못하고, 정서적 결핍 상태가 된다. 아이들은 민감하기 때문에 부모가 직접 야단을 치지 않아도 표정이나 눈빛 등을 통해 자신에 대한 부모의 마음을 읽는다.

어떤 부모는 걸핏하면 자신이 가족을 위해 희생을 하고 있다는 점을 강조한다. 아이를 키운 후로 영화 한 번 제대로 보지 못하고, 이것저것 신경을 쓰느라 병이 날 지경이라고 푸념한다. 그러면서 아이가 그 말을 듣고 은혜를 갚는 자세로 열심히 공부하기를 바란다. 아예 대놓고 "엄마 아빠 고생이 다 누구 때문이니? 우리가 어렸을 때는 이렇게 공부할 수 있는 기회도 없었어. 우리는 아무 희망 없이 살았다. 하지만 이제는 네가 희망이야." 하고 말하는 부모도 있다. 이런 말은 아이의 마음을 힘들게 할 뿐이다.

청소년 시기는 몸과 마음이 성장하는 중요한 시기다. 이때 겪은 정서와 감정은 고스란히 마음속에 각인된다. 비꼬고 협박하고 무시하는 정서적 학대는 아물기 힘든 상처를 남긴다. 열등감과 애정 결핍, 초조함, 억눌림 등의 부정적인 감정은 성적에도 영향을 미칠 뿐만 아니라 아이의 인격이 건강하게 자라는 데 방해가 된다.

아이의 생활에도 적당한 긴장이 필요하다. 그러나 긴장과 압박은 전혀 다른 것이다. 부모가 편견 없는 생각과 편안한 마음으로 아이를 대하고, 친구와 같은 입장에서 기쁨과 고통을 나눈다면 많은 변화가 생길 것이다.

089

"겁내지 않아도 돼"

좌절을 극복하게 하는 말

부모는 아이한테 "겁내지 않아도 된다."라는 말로 좌절을 극복할 힘을 길러주어야 한다. 세계적인 호텔기업 힐튼의 창업자 콘래드 힐튼은 어려서부터 부모님의 엄격한 교육을 받았다. 그의 부모는 원칙을 고수하면서도 어린 아들에게 항상 용기와 희망을 불어넣어주었다.

콘래드는 학교에 들어갈 나이가 되기 전부터 집안일을 도우며 자랐다. 그의 아버지는 아침마다 환한 웃음으로 아들을 깨우며 아들의 키보다 두 배나 큰 써레를 방 입구에 세워두었다. 콘래드는 그 써레를 들고 가축우리에 가서 일하는 것으로 하루 일과를 시작했다.

일곱 살이 되자 학교에 다니게 된 콘래드는 별로 눈에 띄지도 않고 어리숙하기만 한 아이였다. 콘래드는 공부를 하는 대신 관목이 우거진 숲을 뛰어다니며 노는 일을 좋아했다. 꽃향기를 맡고 새소리를 듣는 일이 즐거웠고, 때로는 낯선 곳을 탐험하기도 했다. 아버지는 아들의 모습에 실망하지 않고 누구나 부지런함과 지혜를 갖추면 성공할 수 있다고 말해주었다.

콘래드가 열두 살이 되자 부모님은 아이를 혼자 앨버커키에 있는 가우스 사관학교에 보냈다. 이 학교는 읽기와 쓰기, 계산 같은 기초적인 교육과 함께 사관훈련을 실시했다. 콘래드는 학교에서 가르치는 대부분의 것에 흥미를 가지지 못했다. 다만 수학 방면에서만 좋은 성적을 거두었다. 여름 방학이 되자 콘래드는 집으로 돌아와서 아버지를 도와 한 달에 5달러씩 받고 견습생으로 일하게 되었다. 콘래드의 아버지는 변두리의 작은 호텔을 운영하고 있었는데 항상 고객에게 최선을 다할 것을 강조했다.

열두 살이 되던 해 여름, 콘래드는 인생에서 잊을 수 없는 일을 겪게 되었다. 당시 혼란스러운 미국 개척지 사람들은 대부분 총을 가지고 있었다. 그런데 그의 아버지는 고집스럽게 총을 소지하지 않겠다고 했다. 콘래드는 아버지의 행동이 이해가 되지 않았다. 주위에는 자주 인디언이 출몰했고, 호텔을 드나드는 손님 중에는 생명의 위협을 가하며 행패를 부리는 사람들도 있었기 때문이었다.

그의 아버지는 아들에게 이렇게 말했다. "나에게는 두 가지 선택이 있다. 하나는 총을 가지는 것이고, 또 하나는 영원히 총을 가지지 않는 것이지. 위험이 닥친 순간 총이 없으면 머리에 의지하게 된다. 하지만 총이 있으면 얼마나 빨리 그 총을 뽑느냐에 따라 운명이 갈라지게 된단다. 많은 사람은 총을 늦게 뽑은 것만으로 목숨을 잃었단다."

그러던 어느 날 큰일이 벌어졌다. 술에 취한 손님이 아버지의 가슴에 총구를 겨누는 사건이 발생한 것이다. 그는 자신의 처지를 비관하며 총을 쏘겠다고 위협했다. 모두가 그 자리에 얼어붙은 채 섣불리 나서지 못하는 상황이었다. 콘래드의 아버지는 침착하게 말을 하기 시작했다. 아버지의 말을 듣던 남자의 손은 조금씩 떨리기 시작했고, 결국에는 자신의 총을 바닥에 내려놓았다. 그는 아버지의 어깨에 기대어 한참을 운 뒤에 자신의 손보다 아버지의 입이 낫다면서 그 자리를 떠났다.

집으로 돌아오는 길에 아버지는 이렇게 말했다. "한 번 생각해 보렴. 나한테 총이 있었다면 아까 그 순간에 둘 중 하나는 죽었을 거야." 그날 콘래드는 문명의 힘이 무지와 야만을 이긴다는 사실을 가슴속에 새겼다.

콘래드는 열네 살이 되던 해 뉴멕시코 사관학교를 다니게 되었다. 그러나 그는 여전히 학업에 흥미를 가지지 못했다. 방학 때마다 콘래드는 집으로 돌아와 가업을 도우며 아르바이트를 했다. 그는 학교에서보다 집에서 더 많은 것을 배웠다. 아버지는 엄하게 일을 시켰으며 월급을 두 배로 올려주었다.

다음 해 그는 종교 수업을 하는 학교에 다니게 되었다. 방학이 되자 그는 어김없이 집으로 돌아와 가업을 도왔다. 이번에는 월급이 15달러로 올랐다. 아버지는 아들이 호텔 운영에 탁월한 능력을 보일 때마다 "정말 잘했다. 나이가 어리다고 이런 일을 겁낼 필요는 없단다." 하고 격려해주었다. 어린 시절부터 고객을 응대하는 법을 배운 콘래드는 상품의 종류와 품질을 다양화하고, 유연성 있는 가격을 제시하는 것이 쌍방에게 유리하다는 것을 깨달았다. 콘래드는 열다섯 살에 다시 뉴멕시코 사관학교로 돌아갔다. 그는 그곳에서 "군자는 반드시 사실만 말한다. 거짓말은 치욕이다."라는 가르침을 얻었다.

그리고 부모님이 자신을 이끌어준 모든 과정을 통해 여러 가지 인생의 교훈을 얻었다. 훗날 그는 세계적인 호텔을 운영하면서 "원칙을 고수하다 보면 손해를 볼 때도 있지만 멀리 내다보면 얻는 것이 더 많다."라고 말했다.

아이는 경험을 통해서 인생을 배워나간다. 역경과 맞닥뜨리고 좌절을 겪지 않으면 순조로운 궤도에 오르지 못한다. 아이가 도전의 과정에서 시련을 겪으면 몇 번이고 반복해서 "겁내지 않아도 돼." 하고 격려해주어야 한다.

090

"모험심도 필요해"

모험심을 키워주는 말

열한 살짜리 아이가 아빠와 함께 오지로 여행을 떠나려는데 할머니가 자꾸 반대를 했다. 할머니는 아이가 보다 안전하고 편안한 여행을 하길 바랐다. 아이의 아빠는 할머니를 안심시키면서 아이한테 말했다. "누구에게나 약간의 모험심도 필요하단다!"

대다수 부모는 아이의 모험을 반대한다. 그러나 어린 시절 모험을 하는 것은 아이의 성장에 큰 도움이 된다. 모험에 성공하면 자신감을 얻게 되고, 실패를 하더라도 좋은 경험을 쌓게 된다. 그러나 여기서 말하는 모험이란 '합리적인 모험'을 말하는 것이지 지나치게 거칠고 위험한 일을 가리키는 것은 아니다.

'합리적인 모험'이란 그 일을 통해서 얻는 이익이 손실보다 큰 것을 말한다. 현명한 부모라면 아이들이 일상을 벗어나 모험을 해볼 기회를 장려해야 한다. 그리고 아이들이 선택한 일이 합리적인 모험이 될 수 있을지 함께 대화를 나누는 것이 좋다. "이런 모험에서는 얼마나 성공할 수 있을까?" "이런 모험을 통해 어떤 것을 얻을 수 있을까?"와 같은 질문을 통해서 아이들은 자신이 도전하는 일의 결과를 추측하고 그 가치를 따질 수 있다.

어떤 아이가 높은 나뭇가지에 오르려고 하자 아이의 아버지가 말했다. "저렇게 높은 곳에 올라갈 수 있겠니?" 아이는 손가락으로 다른 나뭇가지를 가리키며 대답했다. "우선 저쪽의 낮은 나뭇가지에 올라간 다음에 가까운 나뭇가지들을 타고 가면 되죠." 아이의 아버지가 다시 지적했다. "그렇게 가다가는 저기 굵은 나뭇가지 사이에 끼일 것 같은데?" 아이는 속상한 표정을 짓더니 고민에 빠졌다. 한참 뒤에 아이는 "그럼 반대 방향으로 나무를 타고 가는 건 어떨까요?" 하고 말했다. 아이는 다시 선택한 경로를 아버지한테 자세히 설명했다. 그제야 아버지는 만족한 얼굴로 "그래, 이제 어떻게 해야 하는지 깨달은 모양이구나." 하고 말했다.

아이가 높은 나뭇가지에 오르고자 할 때 무조건 반대하는 것보다는 안전한 방법을 찾을 수 있도록 돕는 것이 현명하다. 모험을 하기 전에는 반드시 여러 가지 상황을 고려하는 법을 배워야 한다. 무턱대고 모험에 나섰다가는 중간에 포기하기 십상이다. 성격이 급하고 거친 아이들일수록 차분한 대화를 통해 여러 가지 가능성을 돌아볼 수 있게 해야 한다. 위험한 일은 단호히 반대해야 한다. 그러나 어느 정도 피해갈 수 있는 위험이 따른다면 일을 시작하기 전에 그 방법에 대해 충분히 고려하도록 지도하는 것이 좋다. 사전에 깊이 생각하는 습관을 가지면 아이 스스로 자신이 하려는 일이 합리적인 모험인지 아닌지 판단할 수 있다.

어떤 아이들은 지나치게 조심스러워서 모험을 전혀 하지 않으려고 한다. 이럴 때는 부모가 나서서 모험에 뛰어들 수 있도록 격려해야 한다. 모험을 해보지 않은 아이는 교실에서 발표를 한다거나 체육 시간에 게임을 하는 일에도 적극적으로 나서지 못할 수도 있다.

부모는 친구와 같은 자세로 모험에 따르는 위험과 이득, 여러 가지 가능한 결과에 대해서 이야기를 나누는 것이 좋다. 예를 들어 "이런 일에서 네가 걱정되는 사항은 무엇이니?" 하고 묻는다거나 "이 일을 잘 해내지 못한다면 어떤 기분이 들까?" "네가 시도조차 하지 않는다면 어떻게 될까?" 이런 질문을 하는 것이다.

아이는 자신이 느끼는 두려움을 말로 꺼내면서 새로운 용기를 얻을 수 있다. 그리고 이런 대화의 끝에는 반드시 "때로는 약간의 모험심이 필요하단다."라는 말로 아이를 격려해주어야 한다.

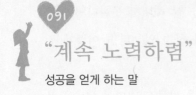

091

"계속 노력하렴"

성공을 얻게 하는 말

알프레드 노벨은 스웨덴의 수도 스톡홀름에서 태어났다. 그의 아버지는 고등교육을 받지 못했지만 건축기사로 일하면서 화학 실험에 열 정을 가지고 있었다. 노벨의 어머니는 농민 가정 출신으로 선량하면서도 강인한 성격이었다. 두 사람은 여덟 명의 아이를 낳았지만 그중 다섯 명이 일찍 목숨을 잃었다. 노벨도 태어날 때부터 병약했지만 어머니의 지극한 보살핌 덕분에 무사히 자랄 수 있었다.

노벨은 여덟 살 때 두 형과 함께 시에 있는 초등학교를 다니게 되었다. 그러나 몸이 허약한 탓에 학교에 가지 못하는 날이 많았다. 어머니는 그런 노벨의 곁을 항상 지켜주었다. 노벨은 자기 방 침대에 누워 책을 읽거나 글짓기를 하면서 혼자 공부를 했다. 어머니는 공부 외에도 아들이 혼자 힘으로 해낼 수 있는 일이라면 무엇이나 시켰다. 그런 일을 통해서라도 아이의 체력을 키워주고 싶었기 때문이었다. 노벨은 꽃에 물을 주고 잡초를 뽑는 일을 비롯해서 쓰레기를 치우는 일 등 집안일을 부지런히 도왔다. 어머니는 항상 아들을 격려하며 "계속 노력하렴. 벌써 많이 발전했단다." 하고 말했다. 노벨은 학교 수업을 듣지 못하는 날이 많았지만 열심히 노력한 끝에 82명의 동급생 중에서 항상 1등을 차지했다.

노벨의 아버지는 자주 유명한 과학자들에 관한 이야기를 들려주면서 아들이 큰 꿈을 가지기를 바랐다. 아버지가 폭약 실험을 할 때 노벨은 그 과정을 지켜보면서 이것저것 질문을 하기도 했다. 하루는 노벨이 아버지한테 "아빠, 폭약은 사람을 다치게 하잖아요. 그런데 왜 그걸 만들려고 하세요?" 하고 물었다.

노벨의 아버지는 진지한 얼굴로 "폭약은 여러 가지 용도로 쓸 수 있단다. 광물을 채굴하거나 도로를 만들 때도 쓰일 수 있고, 공업을 발전시키는 데에도 꼭 필요한 물건이지." 하고 대답했다. 노벨은 고개를 끄덕이면서 아버지의 꿈이 대단하다고 생각했다. 그런데 노벨이 열 살 되던 해 아버지의 실험실에서 폭발 사고가 일어나 온 집안이 잿더미가 되고 말았다. 이 일로 이웃의 원성을 사게 되자 가족들은 결국 러시아 상트페테르부르크로 이사를 가게 되었다.

노벨은 러시아어를 몰랐기 때문에 학교에 다닐 수가 없었다. 아버지는 아들의 학업을 돕기 위해 니콜라이 지닌 이라는 우수한 가정교사를 두었다. 노벨은 열여섯 살이 될 때까지 가정교사한테 교육을 받으며 틈날 때마다 아버지의 실험 공장에서 수뢰나 폭약 등의 설계를 도우며 과학 지식을 쌓았다.

시간이 지날수록 노벨의 아버지는 아들이 과학에 천부적인 재능을 가졌다는 것을 확신하게 되었다. 그는 아들을 훌륭한 과학자로 키우기 위해서 과학이 사회에 어떤 공헌을 하는지 알게 해 주고 싶었다. 아들이 세계의 선진 과학을 접하고 공업이 각국의 발전을 어떻게 도모하는지 깨닫기를 원했던 것이다. 노벨이 열일곱 살이 되자 아버지는 아들을 불러 조용히 말했다. "이제 몸이 건강해지고, 여러 나라말도 배웠으니 넓은 세상을 구경하고 오는 게 좋겠다." 노벨은 보다 넓은 세상을 구경하게 된 것이 무척 기뻤다.

이렇게 해서 노벨은 혼자 미국으로 떠나게 되었다. 처음에 그는 유명 엔지니어 공장에서 실습생으로 일했다. 그 이후에는 독일과 이탈리아, 프랑스, 영국을 돌며 각국의 과학기술을 익혔다. 그는 대학 연구소 실험을 참관하며 과학자와 교수 학생들과 많은 이야기를 나눴다. 4년이 지난 뒤 집으로 돌아온 노벨은 응용화학 연구에 매진해 폭약을 개선하겠다는 확고한 의지를 밝혔다.

몇 해 뒤 상트페테르부르크대학에서 두 명의 화학 교수가 노벨의 집을 찾아왔다. 그중 한 사람은 노벨의 가정교사였던 니콜라이 지닌 박사였다. 그는 노벨이 과학자가 된 것을 기뻐하였다. 두 사람은 노벨의 아버지에게 니트로글리세린으로 위력이 센 폭약을 만들어달라고 부탁했다. 니트로글리세린은 폭발의 위력이 셌지만 그만큼 안전한 폭약을 만들기는 어려운 물질이었다. 노벨은 자신이 직접 그 일을 맡겠다고 했다.

그 이후로 노벨은 니트로글리세린을 가지고 힘든 씨름을 하기 시작했다. 그러나 여러 차례 반복된 실험은 늘 실패로 끝났다. 노벨의 아버지는 그때마다 "계속 노력하렴. 너는 꼭 해낼 수 있을 거야!" 하고 격려를 보냈다. 마침내 노벨은

50여 차례의 실험 끝에 니트로글리세 린을 가지고 폭약을 만드는 데 성공했다. 그가 만든 폭약, 다이너마이트는 고성능인 데다가 운반이 용이해서 전 세계적으로 널리 사용되었다. 노벨은 스웨덴과 덴마크, 영국 등 여러 나라에서 특허권을 따냈고, 많은 부를 축적했다.

노벨은 뛰어난 재능뿐만 아니라 고상한 인격을 가지고 있었다. 그는 자신이 만든 발명품이 전쟁에 사용되는 것을 지켜본 후, 전 재산을 기부해 인류의 행복 증진에 공헌한 사람한테 상을 주도록 했다. 이렇게 해서 만들어진 노벨상은 오늘날에 이르기까지 세계에서 가장 권위 있는 상으로 인정받고 있다.

노벨의 이야기는 우리에게 중요한 두 가지 사실을 알려준다. 하나는 개방적인 교육을 해야 한다는 것이다. 노벨의 아버지는 아들이 여러 나라를 여행하며 새로운 과학기술을 배우게 했다. 노벨은 이 일을 통해 시야를 넓히고 과학에 헌신하겠다는 의지를 확고히 가지게 되었다. 아이를 외국에 보내지 않는다 하더라도 개방적인 교육관을 가지는 것은 몹시 중요한 일이다. 아이의 교육은 가정과 학교에서 제공하는 것만으로는 부족하다. 아이는 직접 넓은 세상을 경험하고, 풍부한 사회자원을 활용하여 다양한 지식을 배울 수 있어야 한다.

두 번째는 아이가 스스로 목표를 세우고 그 일에 최선을 다하게 하 는 것이 교육의 핵심 목표라는 점이다. 노벨의 아버지는 아이가 어렸을 때부터 자기 목표를 가지도록 격려했고, 자신이 먼저 열정을 가지고 꿈을 향해 달려 나가는 모범을 보였다. 아이에게 원대한 꿈을 갖게 하기 위해서는 부모가 먼저 자기 삶에 최선을 다해야 한다. 그런 다음 아이의 의욕을 끊임없이 북돋우면서 격려를 아끼지 않아야 한다.

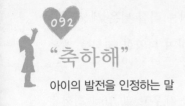

092

"축하해"

아이의 발전을 인정하는 말

마이클 조던은 어렸을 때부터 농구 스타가 되고 싶었다. 아들이 자신의 꿈을 이야기하자 그의 어머니는 "꿈이 생겼다니 정말 축하한다!" 하고 말했다. 그녀는 아들의 꿈을 격려하기 위해 시간이 날 때마다 신문이나 잡지에서 농구 선수의 모습을 오려내 아이 방의 벽에 붙여주었다. 조던은 그 사진들을 보면서 자신의 꿈을 키워나갔고, 열심히 노력한 끝에 세계적인 농구선수가 되었다.

아이들은 대부분 자기만의 꿈을 가지고 있다. 그 꿈은 자신의 미래에 대해 미리 그려보는 청사진과 같다. 아이들은 종종 기쁨에 들뜬 목소리로 자신의 꿈에 대해 이야기한다.

그런데 많은 부모들이 그런 순간의 소중함을 깨닫지 못하고 아이의 꿈을 무시하고 찬물을 끼얹기까지 한다. 한 초등학생 아이가 이다음에 커서 함장이 되고 싶다고 이야기했다. 그러자 아이의 엄마는 "네 성적을 좀 봐라. 그 성적을 가지고는 함장은커녕 군함 청소부도 못 될 거다." 하고 타박을 놓았다. 아이의 꿈은 엄마의 말을 듣는 순간 산산조각이 났다. 엄마가 아이의 꿈을 축하해주었다면 이 아이는 훗날 정말로 함장이 되었을지도 모른다.

총명한 엄마는 아이의 결점에 가려진 장점을 발견할 줄 안다. 부모가 아이의 꿈을 위해서 아주 사소한 것까지 배려하고 보살핀다면 희망의 불씨는 더 커질 것이다. 아무리 작은 불씨라도 그것을 꺼뜨리지 않고 지킨다면 언젠가는 밤하늘에 빛나는 별처럼 반짝일 수 있다.

부모는 아이 인생의 첫 번째 스승이자 아이가 세상에서 가장 믿고 의지하는 사람이다. 새끼를 사랑하는 것은 어미 닭도 하는 일이지만 어떻게 사랑을 베풀고 가르쳐야 하는지는 배워야 한다. 많은 부모가 아이의 장점을 칭찬하지 않고, 돋보기로 들여다보듯이 꼼꼼히 따져서 결점을 들춰낸다. 심지어는 다른 집 아이와 비교해서 단점을 꼬집기도 한다. 아이한테 자극을 줘서 분발하게 만들려고 그런 말을 하겠지만 그 결과는 대개 아이들이 자신감을 잃고 열등감을 가지게 되는 것이다.

　부모는 아이의 성적과 진로에만 신경을 쓸 것이 아니라 아이의 생각과 심리, 개성을 충분히 이해해야 한다. 아이가 자신감을 가지고 자기 일에 집중할 수 있다면 좋은 결과를 얻을 수 있다. 그와 함께 심신을 닦고 교양을 길러야 즐거운 인생을 살 수 있다. 부모는 아이와 희로애락을 함께하면서 작은 일에도 신경을 써야 한다. 그 과정에서 아이가 결점을 고치고, 좋은 스승과 친구들을 사귈 수 있게 이끌어줘야 한다. 그리고 이런 일을 잘 해내기 위해서는 부모가 먼저 자신의 자질을 갈고 닦아야 한다.

093

"이미 훌륭하게 해내고 있어"

어떤 일의 방법을 가르쳐주는 말

열 살 소녀 리사는 다른 사람의 시선에 신경을 많이 썼다. 그런데 오늘은 숙제장을 깜박하고 집에 두고 왔다. 리사는 선생님과 친구들에게 자신의 실수를 알리고 싶지 않아서 엄마한테 전화를 걸어 숙제장을 갖다 달라고 부탁했다. 그러나 엄마는 직접 집으로 와서 숙제장을 가져가라고만 했다. 리사는 할 수 없이 집으로 갔다. 리사는 의기소침해진 자신을 엄마가 학교에 데려다 줄 거로 기대했다. 그런데 엄마는 그 일도 해주지 않았다. 리사는 너무 화가 났다.

"리사, 엄마는 널 무척 사랑한단다. 너도 그걸 알고 있지? 그런데 숙제장은 어쩌다 깜박했니?" 아이가 화내는 모습을 보며 엄마가 말했다. "스쿨버스를 놓칠까 봐 서두르다가 그랬어요." 리사는 억울한 기분이 들었다. "기분이 몹시 나빠

보이는구나. 앞으로는 어떻게 해야 할까?" 엄마의 말에 리사는 잠시 생각에 빠졌다. "다음에는 미리 숙제장을 가방에 챙겨 놓을 거예요. 그리고 아침에 일찍 일어나서 그렇게 서두를 일을 만들지 않겠어요." 딸의 말을 듣고 엄마는 이렇게 말했다. "좋은 생각이야. 그런 생각을 했다면 넌 이미 그 일을 훌륭하게 해낸 거나 마찬가지야!" 리사의 엄마는 아이한테 자신의 일에 대한 책임감을 가르치고 싶었다. 집 짓는 방법을 가르쳐줄 뿐, 완성된 건물을 주지는 않으려고 했던 것이다.

천리는 네 살이 되도록 엄마와 함께 잠을 잤다. 엄마는 아이가 자꾸만 의존적인 성격이 되는 것 같아 밤에 따로 잠을 자기로 했다. 잠자리에 들 시간이 되자 천리는 울음을 터뜨렸다. 엄마가 다정한 말로 다독여봤지만 아이는 혼자 자는 것이 무섭다면서 떼를 썼다. 엄마는 더 이상 아무 말도 하지 않고 아이한테 무관심한 척하면서 책을 읽었다. 얼마간 시간이 지나자 천리는 할 수 없이 혼자 잠이 들었다.

다음 날 아침, 아이가 눈을 뜨자마자 엄마는 환한 미소를 지으며 말했다. "우리 귀염둥이, 잘 잤니?" 천리는 고개를 끄덕이며 말했다. "응, 이제 혼자서도 잘 수 있어요! 오늘 밤에는 장난감 총을 안고 자야지!" 엄마는 아이를 격려해주었다. "벌써 훌륭하게 해내고 있구나! 정말 대단하다!"

부모들은 한시도 마음을 놓지 못하고 아이의 모든 일을 자신이 책임져야 한다고 생각한다. 그런 자세는 아이한테 아무런 도움이 되지 못한다. 그런 부모 밑에서 자란 아이들은 자립이 늦어지거나 작은 어려움 앞에서도 쉽게 주저앉는다. 미국에서는 이런 부모를 일컬어 '기저귀형 부모'라고 한다.

반대로 '폭군형 부모' 유형도 있다. 이런 사람들은 무조건 야단을 쳐야 아이를 올바르게 키울 수 있다고 믿는다. 이런 태도 역시 아이에게 올바른 태도를 키워줄 수 없다. 이런 부모 밑에서 자란 아이들은 자꾸 움츠리며 열등감을 가지거나 반대로 반항심을 가져서 타인에게 화풀이를 한다.

요즘은 날마다 치열한 경쟁 사회로 변하고 있다. 이런 시대에 부모들은 아이한테 무엇을 남겨줘야 할까? 비바람을 피할 수 있는 집이나 학업적인 성취가 아이의 인생을 보장해줄 수 없다. 어느 때보다 아이들에게는 자기 인생을 스스로 감당할 수 있는 책임감이 필요하다.

많은 부모들이 아이를 위해서 무슨 일이든 해주는 보모가 되려고 한다. 아이가 책임감을 가지게 하려면 보모를 떠나보내고 자기 일은 스스로 하도록 만들어야 한다. 장난감을 제자리에 갖다 놓거나 이부자리를 정리하는 작은 일부터 시작하는 것이 좋다. 한두 번 만에 잘 되지 않으면 세 번, 네 번 시켜서라도 그런 습관을 가지게 해야 한다. 혼자 세수를 한다면 다음번에는 양말이나 손수건을 빨아보게 한다. 처음에 아이가 비누만 잔뜩 쓰고 깨끗하게 빨래를 하지 못하더라도 "괜찮아, 벌써 잘 해내고 있는걸." 하고 아이를 격려한 다음 적절한 시범을 보여 주면 된다. 시간이 지날수록 아이는 요령을 익히게 될 것이다.

아이는 세상에 태어난 첫날부터 이미 하나의 독립된 개체이다. 아이에게는 일할 수 있는 손이 있고, 생각할 수 있는 머리가 있다. 부모가 아이를 가르치는 최종 목표는 아이가 사회에서 필요한 존재로서 혼자 설 수 있게 하는 것이다. 부모의 보호 못지않게 자립심을 길러주는 일이 필요하다는 것을 잊지 말자.

094

"네가 꿈꾸는 사람이 될 거야"

아이의 꿈을 이루게 하는 말

증 씨의 아들은 총명하고 다재다능해서 무슨 일이든 한 번 배우기만 하면 척척 해냈다. 증 씨는 많은 시간과 돈을 투자해 아이의 교육에 힘썼다. 좋은 학교에 보내고, 큰돈을 들여 과외를 시켰으며 이름난 선생님을 찾아다니며 기예를 가르쳤다. 아들은 부모의 기대를 한 몸에 품은 채 고등학교를 우수한 성적으로 졸업했고 많은 사람이 동경하는 칭화대학에 입학했다. 부모는 아들이 정말 자랑스러웠다.

그런데 어찌 된 일인지 대학을 졸업한 아들은 아무 일도 하지 않으려고 했고, 이렇게 말하기까지 했다.

"전 이제 할 만큼 했어요. 칭화대학을 졸업한 아들을 두었으니 이제 충분히 체면이 서셨을 거예요. 저는 이제 좀 쉬어야겠어요. 이제까지 너무 많은 스트레스를 받으며 살았어요. 앞으로는 제 방식대로 살 거예요."

아들은 그 이후 정말로 아무 일도 하지 않고 놀기만 했다.

스 여사의 아들은 반에서 중간 정도의 성적에, 남들보다
뛰어난 재주도 없었다. 그녀는 아들한테 스트레스를 주지
않으려고 "열심히 노력해! 넌 반드시 네가 꿈꾸는 사람이
될 거야!" 하고 아들을 격려했다. 아이는 수업 시간 외에는
따로 이것저것 배우러 다니지도 않았다. 대신 기회가 생길
때마다 어린이단체에서 만든 다양한 프로그램에 참여해 종
합적인 지식과 기술을 익혔다. 부모는 아이가 자신이 좋아
하는 일과 잘하는 일이 무엇인지 알게 해주고 싶었다. 아이
는 자신감과 자립심을 가지게 되었고, 어느 순간부터는 스
스로의 결정에 따라 공부에 매진하기 시작했다.

뜻을 두고 가꾼 꽃은 잘 피지 않고, 무심코 심은 버들이
큰 그늘을 이룬다는 옛말이 있다. 그런데 꽃을 가꾸거나 버
들을 심을 때는 먼저 계절과 환경, 품종, 특성을 따져야 한
다. 적당한 때에 적절한 곳을 정해야 좋은 결과를 얻을 수
있다. 이와 마찬가지로 부모는 아이의 개성과 특징에 맞게
아이를 대해야 한다. 어떤 부모는 무턱대고 자신의 욕심 때

문에 아이한테 이것저것 가르치려고 한다. 아이는 그런 호의를 감사하기는커녕 다른 아이들이 누리는 즐거움과 자유로운 선택권을 빼앗겼다고 여긴다.

아이의 특성에 맞는 교육 방식뿐만 아니라 교육의 출발점도 중요하다. 그 출발점은 아이의 가능성에 대한 열린 마음이어야 한다. 그러나 많은 부모가 총명하고 재주가 뛰어난 아이만 편애한다. 평범하고 결점이 많은 아이는 부모의 관심 밖으로 밀려나기 쉽다. 형제 자매가 없는 외동이라면 다른 집 아이들과 끊임없이 비교를 당한다.

아이가 신체적 장애를 가지거나 문제 행동을 보인다면 부모는 더욱 심혈을 기울여 아이를 돌봐야 한다. 그런 아이들은 정상인보다 뛰어난 재능을 가진 경우도 많다. 부모의 장기적인 관심과 노력이 뒷받침될 때 그런 재능이 빛을 발할 수 있다. 어떤 경우에서나 부모는 아이에게 차별 없는 관심을 가지고 가르쳐야 한다.

초기교육 이론은 0에서 3세까지 아이들의 지능 개발을 중요시한다. 그런데 이것은 부모와의 교류를 통해서 아이의 성격적 특징과 잠재력을 발견하자는 것이지 일찍 글이나 피아노 같은 기술을 가르치자는 것이 아니다. 그러나 많은 부모가 아이의 흥미나 소질을 파악하지도 못한 채 이것저것 가르치기에 바쁘다. 아이가 피아노 치는 흉내를 내고 춤을 춘다면 마음껏 그 일을 즐기도록 내버려 두면 된다. 그렇다고 해서 당장 선생님 앞에 데려가면 아이는 그 일에 대한 흥미를 완전히 잃게 될 것이다.

아이의 천부적인 재능을 발견하려면 아이가 공부 외에 여러 방면을 접할 기회를 만들어주어야 한다. 부모가 만능 재주꾼이 되어서 아이와 함께 그 많은 분야에 직접 뛰어들 수는 없는 일이다. 대신 각종 유아 단체나 지역사회의 자원을 활용하면 된다. 아이들은 다양한 분야를 부담 없이 접하면서 자신이 무슨 일을 좋아하고, 어떤 일에 소질이 있는지 깨닫게 된다. 일정한 시기에 이르면 아이는 스스로 배우고 싶은 일을 정하게 된다. 아이의 선택이 건전하고 정당하다면 부모는 온 힘을 다해 지지해주면 된다.

이런 일을 위해서 부모는 먼저 민주적인 가정환경을 만들어서 아이가 자신의 생각을 자연스럽게 말할 수 있도록 해야 한다. 물론 아이의 관심사가 시시때때로 바뀔 수도 있다. 그렇다고 해서 부모가 먼저 자기 욕심대로 아이에게 이것저것 배우라고 강요해서는 안 된다. 몇 번의 시행착오가 있더라도 부모는 항상 아이가 자신에게 딱 맞는 분야를 찾고, 꿈을 이룰 수 있도록 지지해주어야 한다. 이때 "넌 반드시 네가 꿈꾸는 사람이 될 거야."라는 말은 부모가 아이한테 해줄 수 있는 가장 좋은 격려가 된다.

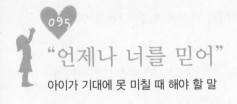

095

"언제나 너를 믿어"

아이가 기대에 못 미칠 때 해야 할 말

어느 날 당신의 딸이 전문 등산가가 되겠다고 폭탄선언을 할지 모른다. 어쩌면 당신의 아들이 뜬금없이 스턴트맨이 되겠다고 할지도 모른다. 아이들의 장래 희망이 부모가 마음속에 그려놓은 것과 전혀 다르다면 어떻게 해야 할까?

아무리 황당한 꿈이라도 아이가 진지한 눈빛으로 이야기를 한다면 일단 귀를 기울여야 한다. 그리고 "언제나 너를 믿는다."는 말로 아이를 격려해야 한다.

아무리 하찮은 일이라도 아이가 어떤 일을 해냈다면 칭찬해줄 가치가 있다. 청소년축구대회를 마친 아들에게 어떤 아버지가 이렇게 화를 냈다. "그것밖에 못 하니? 그 좋은 득점 기회를 놓치다니!" 아이는 이미 자신의 실책을 알고 있었다. 그런 말보다는 차라리 아이의 노력을 높이 평가해주는 것이 아이한테 도움이 되는 말이다. "골문을 향해 달려갈 때 정말 힘이 좋더라! 대단했어! 내일 저녁 아빠랑 같이 슈팅 연습을 해 볼까? 넌 더 잘할 수 있을 거야. 언제나 너를 믿는다." 이런 말이라면 아이를 격려해줄 수 있다.

고등학교 1학년에 다니는 두 아이가 읽기 시험을 우수한 성적으로 통과했다. 선생님은 두 아이를 불러놓고 보다 높은 수준의 읽기반으로 월반할 수 있다고 설명했다. 그러자 한 아이는 얼른 그렇게 하겠다고 했고, 다른 아이는 지금 반에 남겠다고 했다. 친구들의 공부를 돕다가 나중에 함께 진급하고 싶다는 것이었다. 그 아이의 부모는 "너를 믿는다."라는 말로 이 의견에 적극적으로 찬성했다. 선생님은 두 아이 중 누가 뛰어난 지도자로 성장하게 될지 가늠할 수 있었다.

"너를 믿는다."라는 말은 아이가 자신의 가능성을 믿게 만든다. 학급 반장 선거에서 아이가 이기길 바란다면 부모가 무리하게 나설 필요는 없다. 평소 아이를 믿는다는 말을 해주는 것만으로도 충분하다. 부모의 격려를 받은 아이는 다른 사람 앞에 당당히 나설 수 있다. 자신감은 성공한 사람들만의 무기이다.

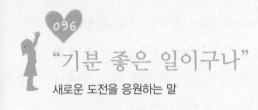

096

"기분 좋은 일이구나"

새로운 도전을 응원하는 말

아이가 세상을 처음 마주할 때 모든 일은 항상 상반된 면을 가지고 있다. 모든 일이 새롭고 신기해서 온몸이 근질근질하면서도 다른 한편으로는 낯설고 두려운 감정을 느끼는 것이다.

여섯 살 난 샤오커는 귀여운 말썽꾸러기였다. 하루는 눈이 잔뜩 내리는 날 엄마 아빠랑 함께 바깥으로 나가게 되었다. 샤오커는 두껍게 쌓인 눈 위에 그대로 드러누웠다. 그러고는 눈 위에 남은 자기 형태를 가리키며 그림자 친구를 만들었다고 즐거워했다. 엄마 아빠는 아이의 행동을 나무라지 않고 "거참, 재미있구나. 정말 기분 좋은 일이야." 하며 웃음을 보였다.

많은 부모는 아이가 자신의 시선에서 멀어지거나 보호권

을 벗어나는 것을 원하지 않는다. 아이가 위험한 행동을 하거나 옷을 더럽힌다든지 물건을 망가뜨릴지 모른다고 염려하는 것이다. 아이들은 원래 가만히 있지 못한다. 옷이 더러워지면 새 옷으로 갈아입히면 된다. 샤오커의 부모가 옷이 젖었다고 아이를 나무랐다면 아이는 눈 위에서 자유롭게 상상력을 발휘하며 놀지 못했을 것이다.

어린아이는 돌멩이나 종잇조각 하나를 가지고 놀기도 한다. 이런 것은 아이한테 최고의 장난감이 될 수 있다. 아이는 돌멩이를 직접 두드려보면서 단단하다는 개념을 알게 되고, 종이를 찢어봄으로써 하나의 물건이 여러 개로 나눠질 수 있다는 것을 배우게 된다. 이런 시도는 생활 상식을 터득하고, 탐구심을 길러준다. 아이가 창조적인 놀이에 몰두할 때 부모는 "정말 기분 좋은 일이로구나!" 하고 칭찬해주어야 한다.

부모는 아이가 주도적으로 놀 수 있는 환경을 만들어 주어야 한다. 스스로 탐색하고 시도하는 과정을 통해 아이는 창의력을 키울 수 있다.

어떤 아빠가 아이한테 장난감 자동차를 사주었다. 아이

는 그것을 가지고 몇 시간을 집중해서 놀았다. 자동차를 바깥으로 가지고 나가서 병으로 장애물을 만들고, 두 개의 의자 사이에 다리를 만들어 놓고 놀기도 했다. 마지막에는 드라이버를 가지고 장난감을 모두 해체해 놓았다. 아빠는 그 모습을 보고 그저 드라이브의 뾰족한 부분을 조심하라고만 말했다.

놀이가 끝나자 아빠는 아이한테 이렇게 말했다. "그렇게 잘 가지고 놀다니 기분 좋은 일이로구나!"

아이가 자명종 시계를 분해했다가 다시 조립하는 것을 목격한다면 어떻게 할 것인지 묻는 설문 조사가 있었다. 조사 결과에 따르면 40%의 부모가 아이를 꾸짖으면서 다시는 그런 일을 못 하게 할 것이라고 했다. 나머지 48%의 부모는 그 일을 문제 삼는 것이 번거로워서 그냥 넘어갈 것이라고 했다. 겨우 12%의 부모만이 아이의 행동을 칭찬해 주고 아이와 함께 놀 것이라고 대답했다.

아이가 자주적으로 놀이를 하고 그 속에서 창의력을 키우는 것은 사고력 발달에 큰 도움이 된다. 부모는 아이가 집중해서 놀이를 하고 있을 때 그 일을 격려해주어야 한다.

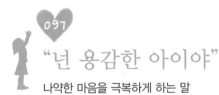

097
"넌 용감한 아이야"
나약한 마음을 극복하게 하는 말

누구나 태어날 때부터 두려움이라는 감정을 가지고 있다. 서양의 부모들은 용기를 키워주기 위해서 갓난아기 때부터 혼자 방을 쓰게 한다. 또 아이가 서너 살이 되면 밤새도록 아이 방에 작은 스탠드를 켜놓고, 아이가 어둠의 공포를 이겨내도록 돕는다.

매일 밤 잠자리에 들기 전 부모들은 아이한테 "넌 정말 용감한 아이야."라고 말하며 이마에 뽀뽀를 해준다. 그러면 아이는 자신이 아끼는 인형이나 장난감을 가슴에 안고 잠이 든다.

"재주가 있으면 대담해진다."라는 말이 있다. 서양 부모들은 생활의 기술을 익히게 하기 위해 일찍부터 아이한테 여러 도구와 전자 제품 사용법을 가르친다. 그러면서 "너도 이제 이런 도구를 쓸 줄 알아야 해. 부서진 물건도 혼자 고칠 수 있어." 하고 아이를 격려한다. 공구 상자에 들어 있는 쇠망치, 드라이버, 스패너 등의 조작법을 아이한테 가르쳐 주기도 하고, 초등학교에 들어갈 나이가 된 아이한테는 전기밥솥이나 세탁기의 사용법을 알려주기도 한다.

부모는 아이가 아무런 제약도 받지 않고 인생을 개척하고 창의적으로 도전할 수 있게 격려해야 한다. 동시에 이 세상에는 속임수와 함정이 있고, 폭력과 범죄 같은 무서운 일도 존재한다는 사실을 알려주어야 한다. 아이한테도 위험한 일을 피하거나 대처할 수 있는 방법을 알려주어야 한다. 함께 거리로 나가면 교통 규칙과 각종 주의 사항을 알려주고, 미리 부모 연락처와 범죄 신고 전화번호, 화재나 구급 전화번호 등을 알려주어야 한다.

그러나 무엇보다 중요한 일은 바로 아이한테 "넌 용감한 아이야." 하고 끊임없이 격려를 해주는 일이다. 이런 말을 들은 아이는 넘어졌을 때 스스로 일어나는 법을 배울 수 있고, 새로운 모험에 도전할 수 있다. 아이의 용기는 하루아침에 얻어지는 것이 아니다. 용기를 키워주는 최고의 선생님은 바로 부모이다.

겁이 많은 아이는 혼자 집에 있기를 두려워한다. 부모가 아이를 혼자 두고 외출할 일이 생기면 아이는 절대 혼자 있지 않겠다고 고집을 부린다. 이럴 때 부모가 "그렇게 무서우면 할 수 없지. 함께 가자." 하고 말하는 것은 아이에게 도움이 되지 못한다. 혼자 집에 있을 때 느끼는 아이의 두려움은 어른이 되어서도 사라지지 않는다. 어릴 때 극복하지 못한 두려움은 평생 계속된다. 이럴 때는 잠깐씩 혼자 있는 시간을 두어서 차츰 익숙해질 수 있도록 도와야 한다.

한 번도 해보지 않은 일이나 처음 보는 물건에는 누구나 두려움을 느낄 수 있다. 아이의 용기를 키워주기 위해서는 항상 정신적으로 지지를 해주고, 실제적으로 두려움을 극복할 수 있는 기회를 마련해주어야 한다. 그럴 때 "넌 용감한 아이야."라고 격려해주어야 한다.

098

"지금 바로 내일을 위해 준비하자"

<u>스스로 잘못을 고치게 하는 말</u>

샤양은 학교에서 돌아오자마자 자기 방문 앞에 앉아서 간식을 먹었다. 엄마가 "오늘 수학 숙제는 뭐니?" 하고 묻자 샤양은 "오늘은 없어요!" 하고는 과자를 잔뜩 입안에 집어넣었다. "수학 수업이 있는 날인데 이상하구나." 하고 엄마가 말하자 샤양은 입안 가득한 과자를 웅얼거리면서 이렇게 말했다. "암튼 없어요." 엄마는 아이가 시선을 똑바로 마주치지 않는 것을 이상하게 여기며 "혹시 모르니 친구한테 전화해서 선생님이 내준 숙제가 있는지 한번 물어봐라." 하고 말했다. 그제야 사양은 엄마 얼굴을 쳐다보며 말했다. "사실은 숙제가 있어요. 하지만 아주 적은 양이라고요."

샤양은 혼이라도 날까 봐 허겁지겁 책가방을 들고 방으로 들어가려고 했다. 그때 아이의 엄마는 이렇게 말했다. "그렇게 서두를 필요 없어. 방금 집에 왔으니까 조금 쉬었다가 숙제를 해도 되지 뭐." 잠시 뒤 샤양이 간식을 다 먹고 자리에서 일어나자 엄마가 웃으며 말했다. "좋아, 지금 바로 내일을 위해 준비하자."

그 순간 샤양의 엄마가 "지금 당장 숙제해!"라고 말하지 않고 "지금 바로 내일을 위해 준비하자."라고 한 말은 아이의 인생에 평생 기억되는 말로 남았다. 부모들은 습관적으로 아이한테 어떤 일을 지시하는 투로 말을 한다. 이런 말은 아이가 자신의 일을 스스로 해냈다는 생각을 들지 않게 한다.

제법 자란 아이들에게는 스스로 자신의 일을 준비하고, 부모의 도움 없이 문제를 해결할 수 있는 시간과 공간을 주어야 한다. 샤양의 엄마는 "지금 바로 내일을 위해 준비하자."라는 한마디 말로 아이한테 그런 기회를 주었다.

아이들한테 자신의 일은 스스로 책임져야 한다는 것을 알려주어야 한다. 때로는 아이가 택한 방법이 조금 이상하고, 다른 사람 눈에 탐탁치 않게 보일 수도 있다. 그러나 중요한 것은 아이가 스스로 확신을 가지고 어떤 일을 선택하고, 그 일을 이루기 위해서 준비해나가는 일이다.

099

"조급해하지 마"

문제를 해결할 수 있도록 돕는 말

네 살인 루오쥐앤은 한참 동안 반짝거리며 빛이 나는 분홍색 요요를 찾고 있었다. 루오쥐앤은 열 번도 넘게 여덟 살짜리 언니한테 이렇게 물었다. "언니, 내 요요 못 봤어? 혹시 언니가 가져갔어?"

그 모습을 지켜보던 엄마는 아이를 위로하며 말했다. "조급해하지 마. 처음부터 다시 한번 잘 찾아보렴." 루오쥐앤은 엄마 말대로 다시 한번 꼼꼼하게 요요를 찾아보았다. 마침내 루오쥐앤은 장롱 깊숙한 곳에서 요요를 찾았다. 아이가 기뻐하는 모습을 보면서 엄마가 말했다. "거봐, 너무 조급해하면 어떤 물건도 찾을 수 없단다."

왕진은 한 시간이 넘도록 수학 문제 하나를 풀지 못해 안

절부절못했다. 나중에는 이마에 진땀이 날 정도로 조바심이 났다. 왕진은 책상을 손바닥으로 두드리고, 발을 동동 굴렀다. 보다 못한 아버지가 이렇게 말했다. "그렇게 조급해하지 않아도 된다. 진정해라. 잠깐 마음을 가라앉혀 보렴. 그러고 나면 분명히 문제를 풀 수 있을 거야." 왕진은 아버지 말대로 잠시 동안 숨을 골랐다. 그런 다음 다시 계산을 하자 금세 문제가 풀렸다. 아이는 기뻐하며 말했다. "아빠 말씀이 옳았어요! 급하게 생각하지 않으니까 문제가 쉽게 풀렸어요. 숫자 하나를 잘못 썼더라고요."

아이들뿐만 아니라 어른도 여러 번 시도한 일이 잘 풀리지 않으면 화가 난다. 그럴수록 마음은 더 조바심이 나고, 갈수록 일이 꼬이기만 한다. 그럴 때는 잠시 마음을 가라앉히고 생각할 여유를 갖는 것이 좋다. 이런 태도를 가지는 것은 힘든 상황에서도 당황하지 않고 문제 해결의 실마리를 찾게 해준다. 부모는 조바심을 내는 아이의 손을 잡고 이런 지혜를 알려주어야 한다.

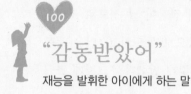

"감동받았어"

재능을 발휘한 아이에게 하는 말

일곱 살짜리 남자아이가 매사에 완벽을 기울이는 것처럼 행동했다. 등교 시간에 조금만 늦어도 자신을 제때 깨우지 않은 부모를 원망하고, 쪽지 시험에서 만점을 받지 못하면 두고두고 속상해했다. 대학교수인 엄마는 아들의 그런 성격이 걱정되었다.

"시험에서 반드시 만점을 받아야 하는 것은 아니란다. 공부 내용을 얼마나 제대로 알고 있는지가 중요한 거지. 그리고 학교에 조금 늦는다고 해서 무슨 큰일이 일어나는 건 아니야. 일부러 그런 게 아니라면 그 정도 일은 괜찮단다." 엄마가 이렇게 충고를 해도 아무 소용이 없었다. 아이는 모든 일에 자기 방식을 고집했다. 아이의 지나친 행동 때문에 가족들은 힘들 때가 많았다.

그런데 사실 지나친 것은 아이의 행동이 아니라 엄마의 생각이었다. 아이가 어떤 일에 자기 방식을 고집하는 것은 당연한 일이다. 어떤 아이나 이런 시기를 거친다. 아이한테 중요한 것은 순수하고 강렬한 성취동기이다.

부모 입장에서는 아이의 행동이 대단히 고집스럽게 보일 것이다. 아이는 주위에 아랑곳하지 않고 한사코 자기가 원하는 대로 하려고만 한다. 이런 행동의 원인은 아이들이 복잡한 개념을 이해하지 못하기 때문이다.

아이들은 좋은 것이 나쁜 것이 되기도 하고, 틀린 것이 정답이 되기도 하는 상대적 개념을 이해하지 못한다. 어떤 행동이 옳다고 생각하면 반드시 그렇게 해야 하고, 어떤 목적을 정했다면 그것을 이루느냐 이루지 못하느냐의 결과만 있을 뿐이다. 쪽지 시험 백 점을 받는 것이 인생에서 무슨 의미가 있겠는가?

이미 어린 시절을 지나온 어른들에게 그것은 확실히 별일이 아니다. 하지만 아이가 이 일에서 좋은 결과를 얻으려고 노력하지 않는다면 아마 평생 자신이 최고라고 여기는 경험을 하지 못할지도 모른다. 또한 한 번쯤은 학교에 늦어도 괜찮다고 여긴다면 인생에서 겪게 되는 모든 일을 그런 식으로 대할지 모른다.

아이가 어떤 일에 지나치게 집착하는 것처럼 보인다면 거기에는 다 이유가 있다고 여기고 그런 진지함을 도움이 되는 방향으로 이끌어주면 된다. 부모는 아이들의 순수한 성취동기를 존중하고, 살아가면서 수많은 상대적 개념을 깨달도록 도와주어야 한다. 지금 당장 어른의 지혜와 생각을 주입시킬 수는 없는 일이다. 아이들은 당연히 아이들의 성장에 맞춰 가르쳐야 한다. 어른들은 어린 시절의 심정을 떠올려보면서 아이를 이해하기 위해 노력해야 한다. 어른의 시선으로 아이의 순수한 성취동기를 파괴하는 일은 없어야 할 것이다.

초등학교 2학년에 다니는 뤼하이빈은 엄마 앞에서 어떤 주제에 대해 연구해 보겠다고 당당히 밝혔다. 엄마는 아이의 기특한 말을 듣고 몹시 기뻤다. 뤼하이빈은 이제 조금 두꺼운 책을 혼자 읽기 시작했고, 짤막한 몇 개의 문장으로 글을 지을 수 있었다. 다음날 아이는 학교에 서 돌아오자마자 아빠한테 함께 도서관에 가자고 했다. 연구에 필요한 자료를 찾아야 한다는 것이었다. "선생님이 연구 보고서에는 적어도 세 가지 이상의 주제가 들어가야 한대요. 분량은 두

페이지 이상 되어야 하고요." 아이는 진지한 자세로 연구에 임했다.

아이는 도서관에서 십여 권의 책을 빌려왔다. 분량이 많고 적음의 차이만 있을 뿐 모두 흰긴수염고래에 관한 것이었다. 아이는 엄마 아빠한테 흰긴수염고래에 관해 자신이 알게 된 사실을 알려주었다. 흰긴 수염고래는 하루에 4톤의 새우를 먹고, 수명이 90에서 100년 정도 되며, 심장은 자동차만큼 크고, 혀 위에는 50~60명의 사람이 한꺼번에 올라설 수 있다는 것 등이었다.

마침내 뤼하이빈은 자기 생애 첫 번째 연구보고서를 완성했다. 겉표지에는 입을 크게 벌린 흰긴수염고래와 황급히 도망가는 작은 새우들을 촘촘히 그려 놓고, 또박또박한 글씨로 자기 이름을 써 놓았다. 첫 페이지로 넘기자 흰긴수염고래에 관한 네 가지 주제가 실려 있었다. '흰긴수염고래는 누구인가?', '흰긴수염고래는 무엇을 먹을까', '흰김수염고래는 어떻게 먹을까', '흰긴수염고래의 재주'. 다음 장부터는 각 주제에 관해 서너 줄씩 짧은 설명을 해 놓았다. 비록 서두도 결론도 없는 연구보고서였지만 아이는 선생님이 말한 내용과 분량을 지켰다. 엄마가 보기에 그것은 이제까지

본 연구보고서 중에서 가장 짧으면서도 가장 흥미로운 것
이었다. 엄마는 진심에서 우러나는 말로 아이를 칭찬했다.
"이렇게 착실하게 해내다니, 무척 감동 받았다."

아이들이 지식에 대한 욕구를 가지고 어떤 일에 흥미를
보일 때 부모는 적극적으로 아이를 지지해야 한다. 그러기
위해서는 아이가 어떤 일에 관심을 가지고 있는지 알아야
하며, 세심하게 보살펴주어야 한다. 아이가 자신의 재능과
지혜를 발휘할 때 부모는 큰 감동을 받는다. 또한 그러한
감동을 말로 표현하는 것은 특별한 응원과 격려가 된다.

너무나 쉽고 간단한 말
아이가 이렇게 좋아하는데 왜 그동안 해주지 못했나...

　한때 아이에게 무조건 칭찬을 많이 해줘야 한다는 책들이 봇물 터지듯 쏟아졌다. 그래서 아이의 기를 살리기 위해 덮어놓고 칭찬만 하는 부모들도 더러 있었다. 그러더니 어느 순간부터는 지나친 칭찬이 오히려 아이에게 해가 된다는 책들이 하나둘씩 나오기 시작했다.

　그렇다면 과연 우리는 아이에게 무슨 말을 해줘야 할까?

　칭찬과 격려가 중요하다는 것은 잘 알겠는데 올바른 칭찬의 기술을 알지 못하고, 아이의 잘못된 행동을 고치고 싶은데 어떻게 해야 아이에게 상처를 주지 않고 효과적으로 야단을 칠 수 있는지를 모른다. 그렇게 부모가 고민하는 사이, 정작 아이는 날마다 '대체 왜 그러니?' '하지 마!' '얼른 공부해!' 등의 잔소리만 들으며 지내는 것은 아닐까?

세상의 모든 부모는 내 아이가 밝고 건강하게 자라서 자신의 재능을 마음껏 펼치며 행복하게 살기를 바란다. 그런데 언제까지 소중한 내 아이에게 기분이 내키는 대로 이말 저말 해줄 것인가? 아니면 그와는 정반대로 아이가 지금 필요로 하고 아이에게 힘과 용기를 줄 수 있는 말을 언제까지 부모의 마음속에만 담아두고 겉으로 표현하지 않을 것인가?

그런 의미에서 이 책은 아이가 진정으로 '좋아하는 말'을 아낌없이 해주면서 아이에게 꿈과 용기와 행복을 주고 싶은 부모를 위한 훌륭한 지침서라고 할 수 있다.

어쩌면 이 책의 제목만 보고 아이가 좋아하는 말이라면 대부분 '칭찬' 아니겠냐며 단순하게 생각하는 사람들도 있을 것이다. 그러나 목차만 읽어봐도 그게 전부는 아니라는 것을 금방 알 수 있다. 물론 모든 아이는 칭찬받는 것을 제일 좋아하고 항상 칭찬에 목말라한다.

그렇지만 아이는 '사랑해'라는 애정표현도 듣고 싶고, '네 마음을 알 것 같다'는 위로의 말이나 '넌 반드시 성공할 거야', '다시 한번 해보렴'이라는 격려의 말도 듣고 싶다. 또 때로는 '나도 잘못이 있구나'라는 말처럼 부모가 자신의 잘못을 스스로 인정하거나, '너에게 맡길게'라는 말처럼 자기 스스로 책임감을 느끼고 알아서 생각하고 행동하도록 용기를 북돋아 주는 말들도 필요하다. 그렇기 때문에 현명한 부모라면 여기에 소개된 100가지의 말을 수시로 아이에게 들려주면서 아이도 부모도 행복해지는 육아를 해나가야 할 것이다.

그 과정에서 가장 중요한 것은 바로 아이의 마음 상태와 외부 상황에 맞게 이 말들을 적절히 들려줘야 한다는 점이다. 이를 좀 더 쉽고 재미있게 설명하기 위해 이 책에서는 짤막한 이야기 형식의 다양하고 구체적인 사례들을 소개하고 있다.

그중에는 레오나르도 다빈치, 노벨, 카네기 등 위인들의 어린 시절 이야기뿐만 아니라, 옷을 아무렇게 벗어 던지는 아이, 숙제 때문에 책상에 앉아도 좀처럼 집중하지 않는 아이, 무서울 정도로 질투심이 많은 아이 등 우리 주변에서 흔히 볼 수 있는 평범한 아이들의 이야기도 많다. 그래서 책을 읽고 나면 곧바로 아이에게 그대로 적용해도 좋을 실질적인 해결방법을 배울 수 있다.

실제로도 나는 이 책을 번역하면서 그날 번역한 부분의 내용을 바로 그날 내 아이에게 활용한 적이 많았다. 그럴 때마다 정말 놀랄 만큼 좋은 결과를 얻었다. 그래서 아이가 이렇게 좋아하고, 또 이렇게 긍정적인 결과를 얻을 수 있는 말들을 왜 진작 못 해줬을까 하며 안타까운 마음으로 이 책을 번역했던 것 같다.

알고 보면 너무나 쉽고·간단한 말이었는데 그동안 괜히 어렵게 생각하거나 낯간지럽다고 하지 않은 것이 그저 아이들에게 미안할 뿐이다.

돈 한 푼 들지 않는 말 한마디로 천 냥 빚을 갚을 수 있듯이, 아이에게 힘과 용기를 주고 건강하게 자라도록 도움을 주는 말들을 하는 데 인색할 필요가 있을까?

이 책을 통해 아이가 진심으로 좋아하는 말들이 무엇인지 알았다면 매일매일 상황에 따라 자연스럽게 그 말을 건네주자. 행복해하는 아이 옆에서 부모도 행복해질 것이다.

자! 책을 다 읽었다면 지금 당장 책장을 덮고 아이에게 달려가서 아이가 좋아하는 말을 실컷 들려주자!

사랑한다면 이렇게 말하라

개정판2쇄 2021년 3월 25일
지은이 첸스진, 첸리 | 옮긴이 김진아 | 발행인 이기선 | 발행처 제이플러스
주소 121-824 서울시 마포구 월드컵로 31길 62
영업부 02-332-8320 | 편집부 02-3142-2520
홈페이지 www.jplus114.com
등록번호 제 10-1680호 | 등록일자 1998년 12월 9일

ISBN 979-11-5601-114-9